电工电子技术综合实验教程

主　编　金余义　刘鹏厚
副主编　马世杰　孙文汇　王　磊

北京理工大学出版社
BEIJING INSTITUTE OF TECHNOLOGY PRESS

内 容 提 要

本书是根据教育部对电工电子技术课程教学的基本要求,结合多年来的实验教学经验,以及在认真吸取了大量同类实验指导书优点的基础上编写而成的。

全书分为 4 个部分,内容包括:电路原理实验、电机与拖动基础实验、模拟电子技术实验和数字电子技术实验。每部分实验都包含 16 个实验项目,既有认识实验和验证实验,也有综合实验和设计实验,以供不同专业的教师和学生选做。

本书篇幅不长,但包括了电工电子技术课程的主要内容,基本上可以满足各所高校电类和非电类本、专科各班次实验教学的需要。

图书在版编目(CIP)数据

电工电子技术综合实验教程/金余义,刘鹏厚主编. —北京:北京理工大学出版社,2016.9(2021.1重印)

ISBN 978 - 7 - 5682 - 3258 - 6

Ⅰ.①电… Ⅱ.①金…②刘… Ⅲ.①电工技术-实验-高等学校-教材 ②电子技术-实验-高等学校-教材 Ⅳ.①TM - 33②TN - 33

中国版本图书馆 CIP 数据核字(2016)第 245212 号

出版发行 / 北京理工大学出版社有限责任公司

社　　址 / 北京市海淀区中关村南大街 5 号

邮　　编 / 100081

电　　话 / (010)68914775(总编室)
　　　　　 (010)82562903(教材售后服务热线)
　　　　　 (010)68948351(其他图书服务热线)

网　　址 / http://www.bitpress.com.cn

经　　销 / 全国各地新华书店

印　　刷 / 三河市华骏印务包装有限公司

开　　本 / 787 毫米 × 1092 毫米　1/16

印　　张 / 15　　　　　　　　　　　　　　　责任编辑 / 李慧智

字　　数 / 352 千字　　　　　　　　　　　　文稿编辑 / 张　雪

版　　次 / 2016 年 9 月第 1 版　2021 年 1 月第 4 次印刷　责任校对 / 王素新

定　　价 / 33.00 元　　　　　　　　　　　　责任印制 / 李志强

前　　言

电工电子技术是一门实践性很强的入门性专业技术基础课。因此,除了完善课堂讲授这一主要的教学环节外,还必须重视和加强课程的实践环节,使理论教学密切联系实际,在实践中着重培养学生的实际操作能力及其独立分析问题和解决问题的能力等。

电工电子技术实验是增强学生电工电子技术实践能力的关键环节。通过实验,可以巩固和扩充课堂讲授的理论知识,培养学生进行科学实验的基本技能和严谨的工作作风;可使学生具备电工电子电路的分析设计能力;熟悉实验仪器的基本工作原理,并掌握其使用方法;具备自行拟订实验方案、步骤,检查、排除故障,分析综合实验结果以及撰写实验报告的能力,同时为学习后续课程和从事实践技术工作奠定基础。

为了满足电工电子技术实验教学的需要,编者综合多年实验教学的经验编写了这本《电工电子技术综合实验教程》。本书篇幅不长,但包括了电工电子技术课程的主要内容,基本上可以满足各所高校电类和非电类本、专科各班次实验教学的需要。

本书分为4个部分,内容包括:电路原理实验、电机与拖动基础实验、模拟电子技术实验和数字电子技术实验。每部分实验都包含16个实验项目,既有认识实验和验证实验,也有综合实验和设计实验,以供不同专业的教师和学生选做。实验内容的安排遵循由浅到深、由易到难的规律。有些实验只提供设计要求及原理简图,由学生自己完成方案选择、实验步骤及记录表格等,充分调动学生的创造性和主动性。

本书的电路原理实验部分由金余义老师负责编写,电机与拖动基础实验部分由马世杰老师负责编写,模拟电子技术实验部分由刘鹏厚老师负责编写,数字电子技术实验部分由孙文汇老师和王磊老师共同编写。全书由金余义老师和刘鹏厚老师最后统稿,史玉河教授负责审稿,在此特别感谢以上各位老师的辛勤付出。此外,叶文斌同学帮助整理了部分文档和电路图,在此一并表示感谢。

由于编者水平所限,时间仓促,错误及欠缺之处在所难免,恳请老师、同学们批评指正。编者将根据教学的需要和反馈意见及时对本书进行修订或重编。

编　者

目　　录

电 工 学 篇

电 子 学 篇

电工学篇

电路原理实验

实验一

电路认识实验

一、实验目的

(1) 学会测量电路中各节点电位和电压的方法,理解电位的相对性和电压的绝对性。

(2) 学会电路电位图的测量、绘制方法。

(3) 掌握直流稳压电源、直流电压表的使用方法。

二、实验原理

在一个确定的闭合电路中,各点电位的大小视所选电位参考点的不同而异,但任意两点之间的电压(即两点之间的电位差)是不变的,这一性质称为电位的相对性和电压的绝对性。据此性质,可用一只电压表来测量出电路中各点的电位及任意两点间的电压。

若以电路中的电位值作纵坐标,电路中各点位置(电阻或电源)作横坐标,将测量到的各点电位在该坐标平面中标出,并把标出点按顺序用直线相连接,就可得到电路的电位图,每一直线段即表示该两点电位的变化情况。而且,任意两点间的电位变化即为该两点之间的电压。

在电路中,电位参考点可任意选定,对于不同的参考点,所绘出的电位图形不同,但其各点电位变化的规律却是一样的。

三、实验设备

(1) 直流数字电压表、直流数字电流表;

(2) 恒压源(双路 $0 \sim 30$ V 可调);

(3) 电阻、开关、导线若干;

四、实验内容

实验电路如图 $1-1$ 所示,图中的电源 U_{S1} 用恒压源 I 路 $0 \sim +30$ V 可调电源输出端,并将输出电压调到 $+6$ V, U_{S2} 用 II 路 $0 \sim +30$ V 可调电源输出端,并将输出电压调到 $+12$ V。开关

S_1、S_2、S_3 均朝上打。

1. 测量电路中各点电位

以图 1-1 中的 A 点作为电位参考点,分别测量 B、C、D、E、F 各点的电位。

用电压表的负端(黑色接线端)与 A 点相连,正端(红色接线端)分别对 B、C、D、E、F 各点进行测量,并将数据记入表 1-1 中。

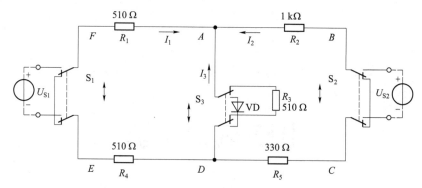

图 1-1   测量电位实验电路

表 1-1   电路中各点电位和电压实验数据 (V)

电位参考点	V_A	V_B	V_C	V_D	V_E	V_F	U_{AB}	U_{BC}	U_{CD}	U_{DE}	U_{EF}	U_{FA}
A	0											
D				0								

以 D 点作为电位参考点,重复上述步骤,将测得的数据记入表 1-1 中。

2. 测量电路中相邻两点之间的电压值

在图 1-1 中,测量电压 U_{AB}。将电压表的正端(红色接线端)与 A 点相连,负端(黑色接线端)与 B 点相连,将电压表读数记入表 1-1 中。按同样方法测量 U_{BC}、U_{CD}、U_{DE}、U_{EF} 及 U_{FA},并将测量数据记入表 1-1 中。

五、注意事项

(1) 实验电路中使用的电源 U_{S1} 和 U_{S2} 用 0 ~ +30 V 可调电源输出端,应分别将输出电压调到 +6 V 和 +12 V 后,再接入电路中,并防止电源输出端短路。

(2) 使用数字直流电压表测量电位时,用黑色接线端与参考电位点相连,红色接线端与被测各点相连,若显示正值,则表明该点电位为正(即高于参考点电位);若显示负值,则表明该点电位为负(即该点电位低于参考点电位)。

(3) 使用数字直流电压表测量电压时,红色接线端与被测电压参考方向的正(+)端相连,黑色接线端与被测电压参考方向的负(-)端相连,若显示正值,则表明电压参考方向与实际方向一致;若显示负值,则表明电压参考方向与实际方向相反。

六、思考题

（1）若电位参考点不同，则各点电位是否相同？相同两点的电压是否相同？为什么？

（2）在测量电位、电压时，为何数据前会出现±号？各表示什么意义？

（3）什么是电位图形？不同的电位参考点电位图形是否相同？如何利用电位图形求出各点的电位和任意两点之间的电压？

七、实验报告

（1）根据实验数据，分别绘制出电位参考点为 A 点和 D 点的两个电位图形。

（2）根据电路参数，计算出各点电位和相邻两点之间的电压值，并与实验数据相比较，对误差作必要的分析。

（3）回答思考题。

实验二

电阻元件伏安特性的测绘

一、实验目的

(1) 掌握线性电阻、非线性电阻元件伏安特性的逐点测试法。

(2) 学习恒压源、直流数字电压表和直流数字毫安表的使用方法。

二、实验原理

任一二端电阻元件的特性可用该元件上的端电压 U 与通过该元件的电流 I 之间的函数关系 $U = f(I)$ 来表示,即用 $U-I$ 平面上的一条曲线来表征,这条曲线称为该电阻元件的伏安特性曲线。根据伏安特性的不同,电阻元件分为两大类:线性电阻和非线性电阻。线性电阻元件的伏安特性曲线是一条通过坐标原点的直线,如图 1-2(a)所示,该直线的斜率只由电阻元件的电阻值 R 决定,其阻值为常数,与元件两端的电压 U 和通过该元件的电流 I 无关;非线性电阻元件的伏安特性是一条经过坐标原点的曲线,其阻值 R 不是常数,即在不同的电压作用下,电阻值是不同的,常见的非线性电阻如白炽灯丝、普通二极管、稳压二极管等,它们的伏安特性如图 1-2(b)、(c)、(d)所示。在图 1-2 中,$U > 0$ 的部分为正向特性,$U < 0$ 的部分为反向特性。

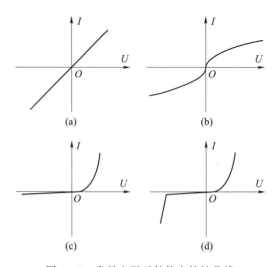

图 1-2　常见电阻元件伏安特性曲线

绘制伏安特性曲线通常采用逐点测试法,即在不同的端电压作用下,测量出相应的电流,然后逐点绘制出伏安特性曲线,根据伏安特性曲线便可计算其电阻值。

三、实验设备

(1) 直流数字电压表、直流数字毫安表;
(2) 恒压源(双路 0 ~ 30 V 可调);
(3) 线性电阻、白炽灯、半导体二极管、稳压管。

四、实验内容

1. 测定线性电阻的伏安特性

按图 1 - 3 接线,图中的电源 U 选用恒压源的可调稳压输出端,通过直流数字毫安表与 1 kΩ 线性电阻相连,电阻两端的电压用直流数字电压表测量。

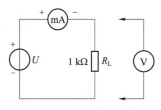

图 1 - 3　测定线性电阻伏安特性实验电路

调节恒压源的可调稳压电源的输出电压 U,从 0 开始缓慢地增加(不能超过 10 V),在表 1 - 2 中记下相应的电压表和电流表的读数。

表 1 - 2　线性电阻伏安特性实验数据

U/V	0	2	4	6	8	10
I/mA						

2. 测定 6.3 V 白炽灯泡的伏安特性

将图 1 - 3 中的 1 kΩ 线性电阻换成一只 6.3 V 的灯泡,重复实验内容 1 的步骤,电压不能超过 6.3 V,在表 1 - 3 中记下相应的电压表和电流表的读数。

表 1 - 3　6.3 V 白炽灯泡伏安特性实验数据

U/V	0	1	2	3	4	5	6.3
I/mA							

3. 测定半导体二极管的伏安特性

按图 1 - 4 接线,R 为限流电阻,取 200 Ω(十进制可变电阻箱),二极管的型号为 1N4007。测定二极管的正向特性时,其正向电流不得超过 25 mA,二极管 VD 的正向压降为 0 ~ 0.75 V,特别是在 0.5 ~ 0.75 之间应多取几个测量点;测反向特性时,将可调稳压电源的输出端正、负连线互换,调节可调稳压输出电压 U,从 0 开始缓慢地增加(数值不能超过 30 V),将数据分别记入表 1 - 4 和表 1 - 5 中。

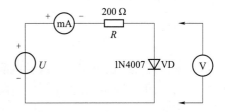

图 1 - 4　测定半导体二极管伏安特性实验电路

表 1 – 4 二极管正向特性实验数据

U/V	0	0.2	0.4	0.45	0.5	0.55	0.60	0.65	0.70	0.75
I/mA										

表 1 – 5 二极管反向特性实验数据

U/V	0	– 5	– 10	– 15	– 20	– 25	– 30
I/mA							

4. 测定稳压管的伏安特性

将图 1 – 4 中的二极管 1N4007 换成稳压管 2CW51,重复实验内容 3 的步骤,其正、反向电流不得超过 ± 20 mA,将数据分别记入表 1 – 6 和表 1 – 7 中。

表 1 – 6 稳压管正向特性实验数据

U/V	0	0.2	0.4	0.45	0.5	0.55	0.60	0.65	0.70	0.75
I/mA										

表 1 – 7 稳压管反向特性实验数据

U/V	0	– 1	– 1.5	– 2	– 2.5	– 2.8	– 3	– 3.2	– 3.5	– 3.55
I/mA										

五、注意事项

(1)测量时,可调稳压电源的输出电压由 0 应缓慢地增加,并时刻注意电压表和电流表的读数,不得超过规定值。

(2)稳压电源输出端切勿碰线造成短路。

(3)测量中,随时注意电流表读数,及时更换电流表量程,勿使仪表超量程,注意仪表的正负极性。

六、思考题

(1)线性电阻与非线性电阻的伏安特性有何区别?它们的电阻值与通过的电流有无关系?

(2)如何计算线性电阻与非线性电阻的电阻值?

(3)请举例说明哪些元件是线性电阻、哪些元件是非线性电阻,并说明它们的伏安特性曲线是什么形状。

(4)设某电阻元件的伏安特性函数式为 $I = f(U)$,如何用逐点测试法绘制出伏安特性曲线?

七、实验报告

（1）根据实验数据，分别在方格纸上绘制出各个电阻的伏安特性曲线。

（2）根据伏安特性曲线，计算线性电阻的电阻值，并与实际电阻值进行比较。

（3）根据伏安特性曲线，计算白炽灯在额定电压为 6.3 V 时的电阻值。当电压降低 20% 时，阻值为多少？

实验三

基尔霍夫定律的验证

一、实验目的

(1) 验证基尔霍夫定律,加深对基尔霍夫定律的理解。

(2) 掌握直流数字毫安表的使用方法,并学会用电流插头和插座测量各支路电流的方法。

(3) 能够检查和分析简单的电路故障。

二、实验原理

基尔霍夫电流定律和电压定律是电路的基本定律,它们分别用来描述节点电流和回路电压,即对电路中的任一节点而言,在设定电流的参考方向下,应有 $\Sigma I = 0$,一般流出节点的电流取负号,流入节点的电流取正号;对任何一个闭合回路而言,在设定电压的参考方向下,绕行一周,应有 $\Sigma U = 0$。一般电压方向与绕行方向一致的电压取正号,电压方向与绕行方向相反的电压取负号。

在实验前,必须设定电路中所有电流、电压的参考方向,其中电阻上的电压方向应与电流方向一致,如图 1 – 5 所示。

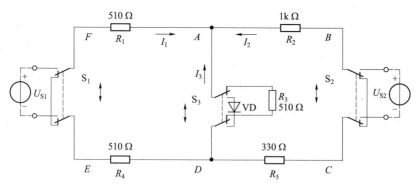

图 1 – 5 验证基尔霍夫定律实验电路

三、实验设备

(1) 直流数字电压表、直流数字毫安表;

(2) 恒压源(双路 0 ~ 30 V 可调);

（3）晶体管、电阻、开关、导线若干。

四、实验内容

实验电路如图 1-5 所示,图中的电源 U_{S1} 用恒压源 I 路 0 ~ +30 V 可调电压输出端,并将输出电压调到 +6 V,U_{S2} 用恒压源 II 路 0 ~ +30 V 可调电压输出端,并将输出电压调到 +12 V(以直流数字电压表读数为准)。开关 S_1 投向 U_{S1} 侧,开关 S_2 投向 U_{S2} 侧,开关 S_3 投向 R_3 侧。

实验前先设定 3 条支路的电流参考方向,如图 1-5 中的 I_1、I_2、I_3 所示,并熟悉电路结构,掌握各开关的操作使用方法。

1. 熟悉电流插头的结构

将电流插头的红色接线端插入直流数字毫安表的红色(正)接线端,电流插头的黑色接线端插入直流数字毫安表的黑色(负)接线端。

2. 测量支路电流

将电流插头分别插入 3 条支路的 3 个电流插座中,读出各个电流值。按规定:在节点 A,若毫安表读数为"+",则表示电流流入节点;若读数为"-",则表示电流流出节点。然后根据图 1-5 中的电流参考方向,确定各支路电流的正、负号,并记入表 1-8 中。

表 1-8　测量各支路电流实验数据　　　　　　　　　　　　　　　　　　　　　　　mA

各支路电流	I_1	I_2	I_3
计算值			
测量值			
相对误差			

3. 测量元件电压

用直流数字电压表分别测量两个电源及电阻元件上的电压值,将数据记入表 1-9 中。测量时电压表的红色(正)接线端应插入被测电压参考方向的高电位端,黑色(负)接线端应插入被测电压参考方向的低电位端。

表 1-9　测量各元件电压实验数据　　　　　　　　　　　　　　　　　　　　　　　　V

各元件电压	U_{S1}	U_{S2}	U_{R_1}	U_{R_2}	U_{R_3}	U_{R_4}	U_{R_5}
计算值							
测量值							
相对误差							

五、注意事项

（1）所有需要测量的电压值,均以电压表测量的读数为准,不以电源表盘指示值为准。

（2）避免电源两端碰线造成短路。

（3）若用指针式电流表进行测量,则要识别电流插头所接电流表的"+""-"极性。倘若不换接极性,则电表指针可能反偏而导致设备损坏(电流为负值时),此时必须调换电流表极性,重新测量,此时指针正偏,但读得的电流值必须冠以负号。

六、思考题

(1)根据图 1-5 所示电路的参数,计算出待测的电流 I_1、I_2、I_3 和各电阻上的电压值,记入表 1-8 和表 1-9 中,以便实验测量时可正确地选定毫安表和电压表的量程。

(2)在图 1-5 所示电路中,A、D 两节点的电流方程是否相同?为什么?

(3)在图 1-5 所示电路中,可以列几个电压方程?它们与绕行方向有无关系?

(4)实验中,若用指针万用表直流毫安挡测各支路电流,什么情况下可能出现万用表指针反偏现象?应如何处理?在记录数据时应注意什么?若用直流数字毫安表进行测量时,则会有什么显示?

七、实验报告

(1)回答思考题。

(2)根据实验数据,选定实验电路中的任一个节点,验证基尔霍夫电流定律(KVL)的正确性。

(3)根据实验数据,选定实验电路中的任一个闭合回路,验证基尔霍夫电压定律(KCL)的正确性。

(4)列出求解电压 U_{EA} 和 U_{CA} 的电压方程,并根据实验数据求出它们的数值。

(5)写出实验中检查、分析电路故障的方法,并总结心得体会。

实验四

电压源、电流源及其电源等效变换的研究

一、实验目的

(1) 掌握建立电源模型的方法。

(2) 掌握电源外特性的测试方法。

(3) 加深对电压源和电流源特性的理解。

(4) 研究电源模型等效变换的条件。

二、实验原理

1. 电压源和电流源

电压源具有端电压保持恒定不变,而输出电流的大小由负载决定的特性。其外特性,即端电压 U 与输出电流 I 的关系 $U = f(I)$ 是一条平行于 I 轴的直线。实验中使用的恒压源在规定的电流范围内具有很小的内阻,可以将它视为一个电压源。

电流源具有输出电流保持恒定不变,而端电压的大小由负载决定的特性。其外特性,即输出电流 I 与端电压 U 的关系 $I = f(U)$ 是一条平行于 U 轴的直线。实验中使用的恒流源在规定的电压范围内具有极大的内阻,可以将它视为一个电流源。

2. 实际电压源和实际电流源

实际上任何电源内部都存在电阻,通常称为内阻。因而,实际电压源可以用一个内阻 R_S 和电压源 U_S 串联表示,其端电压 U 随输出电流 I 增大而降低。在实验中,可以用一个小阻值的电阻与恒压源相串联来模拟一个实际电压源。

实际电流源用一个内阻 R_S 和电流源 I_S 并联表示,其输出电流 I 随端电压 U 增大而减小。在实验中,可以用一个大阻值的电阻与恒流源相并联来模拟一个实际电流源。

3. 实际电压源和实际电流源的等效互换

一个实际的电源,就其外部特性而言,既可以看成一个电压源,又可以看成一个电流源。若视为电压源,则可用一个电压源 U_S 与一个电阻 R_S 相串联表示;若视为电流源,则可用一个电流源 I_S 与一个电阻 R_S 相并联来表示。若它们向同样大小的负载输出同样大小的电流和端电压,则称这两个电源是等效的,即具有相同的外特性。

实际电压源与实际电流源等效变换的条件为:

(1) 取实际电压源与实际电流源的内阻均为 R_S;

（2）若已知实际电压源的参数为 U_S 和 R_S，则实际电流源的参数为 $I_s = \dfrac{U_S}{R_S}$ 和 R_S；若已知实际电流源的参数为 I_s 和 R_s，则实际电压源的参数为 $U_s = I_sR_s$ 和 R_s。

三、实验设备

（1）直流数字电压表、直流数字毫安表；
（2）恒压源（双路 0~30 V 可调）；
（3）恒源流（0~200 mA 可调）；
（4）电压、电阻、导线若干。

四、实验内容

1. 测定电压源（恒压源）与实际电压源的外特性

实验电路如图 1-6 所示，图中的电源 U_s 用恒压源 0~+30 V 可调电压输出端，并将输出电压调到 +6 V，R_1 取 200 Ω 的固定电阻，R_2 取 470 Ω 的电位器。调节电位器 R_2，令其阻值由大至小变化，将电流表、电压表的读数记入表 1-10 中。

表 1-10　测定电压源（恒压源）外特性实验数据

I/mA						
U/V						

在图 1-6 所示电路中，将电压源改成实际电压源，如图 1-7 所示，图中内阻 R_S 取 51 Ω 的固定电阻，调节电位器 R_2，令其阻值由大至小变化，将电流表、电压表的读数记入表 1-11 中。

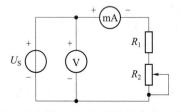

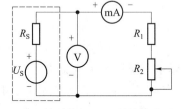

图 1-6　测定电压源外特性实验电路　　图 1-7　测定实际电压源外特性实验电路

表 1-11　测定实际电压源外特性实验数据

I/mA						
U/V						

2. 测定电流源（恒流源）与实际电流源的外特性

按如图 1-8 所示电路接线，图中 I_s 为恒流源，调节其输出为 5 mA（用毫安表测量），R_2 取 470 Ω 的电位器，在 R_S 分别为 1 kΩ 和 ∞（断开）的两种情况下，调节电位器 R_2，令其阻值由大至小变化，将毫安表、电压表的读数记入自拟的数据表格中。

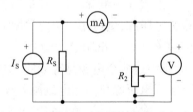

图 1-8　测定电流源外特性实验电路

3. 研究电源等效变换的条件

按如图 1-9 所示电路接线,其中图 1-9(a)和(b)中的内阻 R_S 均为 51 Ω,负载电阻 R 均为 200 Ω。

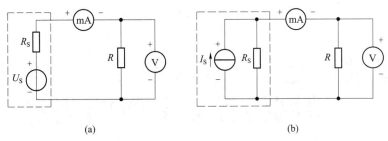

(a)   (b)

图 1-9   电源等效变换实验电路

在图 1-9(a)所示电路中,U_S 用恒压源 0 ~ +30 V 可调电压输出端,并将输出电压调到 +6 V,记录毫安表、电压表的读数。然后调节图 1-9(b)所示电路中的恒流源 I_S,令两表的读数与图 1-9(a)所示电路中两表的读数相等,记录 I_S 的值,验证等效变换条件的正确性。

五、注意事项

(1) 在测定电压源外特性时,不要忘记测空载($I=0$)时的电压值;在测定电流源外特性时,不要忘记测短路($U=0$)时的电流值,注意恒流源负载电压不可超过 20 V,负载更不可开路。

(2) 换接线路时,必须关闭电源开关。

(3) 直流仪表的接入应注意极性与量程。

六、思考题

(1) 电压源的输出端为什么不允许短路?电流源的输出端为什么不允许开路?

(2) 说明电压源和电流源的特性,并说明其输出是否在任何负载下都能保持恒定。

(3) 实际电压源与实际电流源的外特性为什么呈下降趋势?下降的快慢受哪个参数影响?

(4) 实际电压源与实际电流源等效变换的条件是什么?所谓"等效"是对谁而言?电压源与电流源能否等效变换?

七、实验报告

(1) 根据实验数据绘制出电源的 4 条外特性,并总结、归纳两类电源的特性。

(2) 由实验结果,验证电源等效变换的条件。

(3) 回答思考题。

实验五

戴维南定理、诺顿定理——有源二端网络等效参数的测定

一、实验目的

(1) 验证戴维南定理、诺顿定理的正确性,加深对定理的理解。

(2) 掌握测量有源二端网络等效参数的一般方法。

二、实验原理

1. 戴维南定理和诺顿定理

戴维南定理指出:任何一个有源二端网络,总可以用一个电压源 U_S 和一个电阻 R_S 串联组成的实际电压源来代替,其中,电压源 U_S 等于这个有源二端网络的开路电压 U_{OC},内阻 R_S 等于该网络中所有独立电源均置零(电压源短接,电流源开路)后的等效电阻 r_o。

诺顿定理指出:任何一个有源二端网络,总可以用一个电流源 I_S 和一个电阻 R_S 并联组成的实际电流源来代替,其中,电流源 I_S 等于这个有源二端网络的短路电源 I_{SC},内阻 R_S 等于该网络中所有独立电源均置零(电压源短接,电流源开路)后的等效电阻 r_o。

U_S、R_S 和 I_S、R_S 称为有源二端网络的等效参数。

2. 有源二端网络等效参数的测量方法

1) 开路电压、短路电流法

在有源二端网络输出端开路时,用电压表直接测其输出端的开路电压 U_{OC},再将其输出端短路,测其短路电流 I_{SC},则其内阻为

$$R_S = \frac{U_{OC}}{I_{SC}}$$

若有源二端网络的内阻值很低,则不宜测其短路电流。

2) 伏安法

一种方法是用电压表、电流表测出有源二端网络的外特性曲线,如图 1 - 10 所示。开路电压为 U_{OC},根据外特性曲线求出斜率 $\tan\phi$,则内阻为

$$R_S = \tan\phi = \frac{\Delta U}{\Delta I}$$

另一种方法是测量有源二端网络的开路电压 U_{OC},以

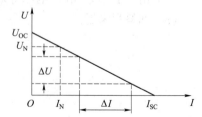

图 1 - 10　有源二端网络外特性曲线

及额定电流 I_N 和对应的输出端额定电压 U_N，如图 1-10 所示，则内阻为

$$R_S = \frac{U_{OC} - U_N}{I_N}$$

3）半电压法

如图 1-11 所示，当负载电压为被测网络开路电压 U_{OC} 的一半时，负载电阻 R_L 的大小（由电阻箱的读数确定）即为被测有源二端网络的等效内阻 R_S 的值。

4）零示法

在测量具有高内阻有源二端网络的开路电压时，用电压表进行直接测量会造成较大的误差，为了消除电压表内阻的影响，往往采用零示法测量，如图 1-12 所示。零示法测量原理是用一低内阻的恒压源与被测有源二端网络进行比较，当恒压源的输出电压与有源二端网络的开路电压相等时，电压表的读数将为 0，然后将电路断开，测量此时恒压源的输出电压 U，即为被测有源二端网络的开路电压。

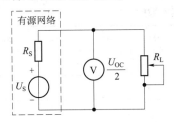

图 1-11　半电压法实验电路

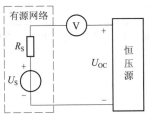

图 1-12　零示法实验电路

三、实验设备

（1）直流数字电压表、直流数字电流表；

（2）恒压源（双路 0～30 V 可调）；

（3）恒源流（0～200 mA 可调）；

（4）电阻、开关、导线若干。

四、实验内容

1. 测量有源二端网络

被测有源二端网络如图 1-13 所示，接入恒压源 $U_S = 12$ V 和恒流源 $I_S = 20$ mA 及可变电阻 R_L。

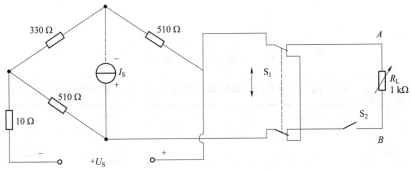

图 1-13　测量有源二端网络实验电路

1) 测开路电压 U_{OC}

在图 1 – 13 所示电路中,断开负载 R_L,用电压表测量开路电压 U_{OC},将数据记入表 1 – 12 中。

表 1 – 12　测量有源二端网络实验数据

U_{OC}/V	I_{SC}/mA	$R_S(=U_{OC}/I_{SC})/\Omega$

2) 测短路电流 I_{SC}

在图 1 – 13 所示电路中,将负载 R_L 短路,用电流表测量短路电流 I_{SC},将数据记入表 1 – 12 中。

2. 负载实验

测量有源二端网络的外特性。在图 1 – 13 所示电路中,改变负载电阻 R_L 的阻值,逐点测量对应的电压、电流值,将数据记入表 1 – 13 中,并计算有源二端网络的等效参数 U_S 和 R_S。

表 1 – 13　测量负载实验数据

R_L/Ω	990	900	800	700	600	500	400	300	200	100
U_{AB}/V										
I/mA										

3. 验证戴维南定理

1) 测量有源二端网络等效电压源的外特性

图 1 – 14(a)所示电路是图 1 – 13 所示电路的等效电压源电路,电压源 U_S 用恒压源的可调稳压输出端,调整到表 1 – 12 中 U_{OC} 的数值,内阻 R_S 按表 1 – 12 中计算出来的 R_S 的值(取整)选取固定电阻。然后,用电阻箱改变负载电阻 R_L 的阻值,逐点测量对应的电压、电流,将数据记入表 1 – 14 中。

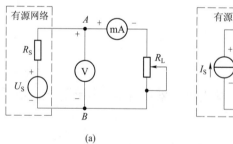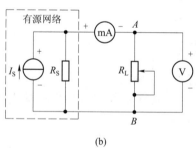

(a)　　　　　　　　　　　(b)

图 1 – 14　等效电路

(a)等效电压源;(b)等效电流源

表 1 – 14　测量有源二端网络等效电压源的外特性实验数据

R_L/Ω	990	900	800	700	600	500	400	300	200	100
U_{AB}/V										
I/mA										

2）测量有源二端网络等效电流源的外特性

图 1-14(b)所示电路是图 1-13 所示电路的等效电流源电路,图中,电流源 I_S 用恒流源,并调整到表 5-1 中 I_{SC} 的数值,内阻 R_S 按表 5-1 中计算出来的 R_S 的值(取整)选取固定电阻。然后,用电阻箱改变负载电阻 R_L 的阻值,逐点测量对应的电压、电流,将数据记入表 1-15 中。

表 1-15　测量有源二端网络等效电流源的外特性实验数据

R_L/Ω	990	900	800	700	600	500	400	300	200	100
U_{AB}/V										
I/mA										

4. 测定有源二端网络等效电阻(又称入端电阻)的其他方法

将被测有源二端网络内的所有独立源置零(将电流源 I_S 和电压源去掉,并在原电压端所接的两点用一根导线相连),然后用伏安法或者直接用万用表的欧姆挡去测定负载 R_L 开路后,A、B 两点间的电阻即为被测网络的等效内阻 R_S 或称网络的入端电阻 R_1。

5. 用半电压法和零示法测量被测网络的等效内阻 R_S 及其开路电压 U_{OC}

五、注意事项

(1) 测量时,注意电流表量程的更换。

(2) 改接线路时,要关闭电源。

六、思考题

(1) 如何测量有源二端网络的开路电压和短路电流?在什么情况下不能直接测量开路电压和短路电流?

(2) 说明测量有源二端网络开路电压及等效内阻的几种方法,并比较其优缺点。

七、实验报告

(1) 回答思考题。

(2) 根据表 1-12 和表 1-13 的数据,计算有源二端网络的等效参数 U_S 和 R_S。

(3) 根据半电压法和零示法测量的数据,计算有源二端网络的等效参数 U_S 和 R_S。

(4) 实验中用各种方法测得的 U_{OC} 和 R_S 是否相等?试分析其原因。

(5) 根据表 1-13、表 1-14 和表 1-15 的数据,绘制出有源二端网络和有源二端网络等效电路的外特性曲线,并验证戴维南定理和诺顿定理的正确性。

(6) 说明戴维南定理和诺顿定理的应用场合。

实验六

受控源的研究

一、实验目的

(1) 加深对受控源的理解。

(2) 熟悉由运算放大器组成受控源电路的分析方法,了解运算放大器的应用。

(3) 掌握受控源特性的测量方法。

二、实验原理

1. 受控源

受控源向外电路提供的电压或电流受其他支路的电压或电流控制,因而受控源是双口元件:一个为控制端口,或称输入端口,输入控制量(电压或电流);另一个为受控端口或称输出端口,向外电路提供电压或电流。受控端口的电压或电流受控制端口的电压或电流的控制。根据控制变量与受控变量的不同组合,受控源可分为四类。

(1) 电压控制电压源(VCVS),如图 1-15(a)所示,其特性为

$$u_2 = \mu u_1$$

式中,$\mu = \dfrac{u_2}{u_1}$,称为转移电压比(即电压放大倍数)。

(2) 电压控制电流源(VCCS),如图 1-15(b)所示,其特性为

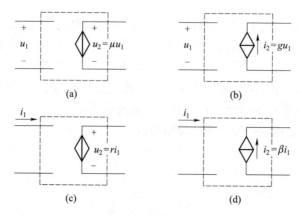

图 1-15　4 类受控源电路

(a) VCVS;(b) VCCS;(c) CCVS;(d) CCCS

$$i_2 = gu_1$$

式中，$g = \dfrac{i_2}{u_1}$，称为转移电导。

（3）电流控制电压源（CCVS），如图 1 - 15（c）所示，其特性为

$$u_2 = ri_1$$

式中，$r = \dfrac{u_2}{i_1}$，称为转移电阻。

（4）电流控制电流源（CCCS），如图 1 - 15（d）所示，其特性为

$$i_2 = \beta i_1$$

式中，$\beta = \dfrac{i_2}{i_1}$，称为转移电流比（即电流放大倍数）。

2. 用运算放大器组成的受控源

运算放大器的电路符号如图 1 - 16 所示，具有两个输入端，（同相输入端 u_+ 和反相输入端 u_-），一个输出端 u_o，放大倍数为 A，则 $u_o = A(u_+ - u_-)$。

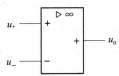

图 1 - 16 运算放大器电路符号

对于理想运算放大器，放大倍数 A 为 ∞，输入电阻为 ∞，输出电阻为 0，由此可得出两个特性：

特性 1

$$u_+ = u_-$$

特性 2

$$i_+ = i_- = 0$$

1）电压控制电压源（VCVS）

电压控制电压源电路如图 1 - 17 所示。由运算放大器的特性 1 可知

$$u_+ = u_- = u_1$$

则

$$i_{R_1} = \frac{u_1}{R_1}, i_{R_2} = \frac{u_2 - u_1}{R_2}$$

由运算放大器的特性 2 可知

$$i_{R_1} = i_{R_2}$$

将 $i_{R_1} = \dfrac{u_1}{R_1}, i_{R_2} = \dfrac{u_2 - u_1}{R_2}$ 代入，得

$$u_2 = \left(1 + \frac{R_2}{R_1}\right)u_1$$

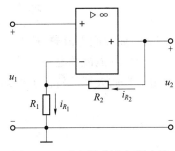

图 1 - 17 电压控制电压源电路

可见，运算放大器的输出电压 u_2 受输入电压 u_1 控制，其电路模型如图 1 - 15（a）所示。

转移电压比为

$$\mu = \left(1 + \frac{R_2}{R_1}\right)$$

2）电压控制电流源（VCCS）

电压控制电流源电路如图 1 - 18 所示。由运算放大器的特性 1 可知

$$u_+ = u_- = u_1$$

则

$$i_{R_1} = \frac{u_1}{R_1}$$

由运算放大器的特性 2 可知

$$i_2 = i_{R_1} = \frac{u_1}{R_1}$$

即 i_2 只受输入电压 u_1 控制,与负载 R_L 无关(实际上要求 R_L 为有限值),其电路模型如图 1-15(b)所示。

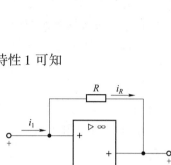

图 1-18　电源控制电流源电路

转移电导为

$$g = \frac{i_2}{u_1} = \frac{1}{R_1}$$

3)电流控制电压源(CCVS)

电流控制电压源电路如图 1-19 所示。由运算放大器的特性 1 可知

$$u_- = u_+ = 0$$
$$u_2 = Ri_R$$

由运算放大器的特性 2 可知

$$i_R = i_1$$

代入 $u_2 = Ri_R$,得

$$u_2 = Ri_1$$

即输出电压 u_2 受输入电流 i_1 的控制,其电路模型如图1-15(c)所示。

转移电阻为

$$r = \frac{u_2}{i_1} = R$$

图 1-19　电流控制电压源电路

4)电流控制电流源(CCCS)

电流控制电流源电路如图 1-20 所示。

由运算放大器的特性 1 可知

$$u_- = u_+ = 0$$
$$i_{R_1} = \frac{R_2}{R_1 + R_2} i_2$$

由运算放大器的特性 2 可知

$$i_{R_1} = -i_1$$

代入 $i_{R_1} = \frac{R_2}{R_1 + R_2} i_2$,得

$$i_2 = -\left(1 + \frac{R_1}{R_2}\right) i_1$$

即输出电流 i_2 只受输入电流 i_1 的控制,与负载 R_L 无关,其电路模型如图 1-15(d)所示。

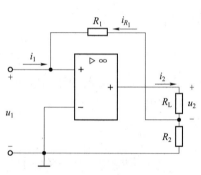

图 1-20　电流控制电流源电路

转移电流比为

$$\beta = \frac{i_2}{i_1} = -\left(1 + \frac{R_1}{R_2}\right)$$

三、实验设备

（1）直流数字电压表、直流数字电流表；

（2）恒压源（双路 0 ~ 30 V 可调）；

（3）恒流源（0 ~ 200 mA 可调）。

四、实验内容

1. 测试电压控制电流源（VCCS）特性

实验电路如图 1 – 15（b）所示，图中，u_1 用恒压源的可调电压输出端，i_2 两端接负载 $R_L =$ 2 kΩ（用电阻箱）。

1）测试 VCCS 的转移特性 $i_2 = f(u_1)$

调节恒压源输出电压 U_1（以电压表读数为准），用电流表测量对应的输出电流 I_2，将数据记入表 1 – 16 中。

表 1 – 16　测试 VCCS 的转移特性实验数据

U_1/V	0	0.5	1	1.5	2	2.5	3	3.5	4
I_2/mA									

2）测试 VCCS 的负载特性 $i_2 = f(R_L)$

保持 $U_1 = 2$ V，负载电阻 R_L 用电阻箱，并调节其大小，用电流表测量对应的输出电流 I_2，将数据记入表 1 – 17 中。

表 1 – 17　测试 VCCS 的负载特性实验数据

$R_L/kΩ$	50	20	10	5	3	1	0.5	0.2	0.1
I_2/mA									

2. 测试电流控制电压源（CCVS）特性

实验电路如图 1 – 15（c）所示，图中，i_1 用恒流源，输出 u_2 两端接负载 $R_L = 2$ kΩ（用电阻箱）。

1）测试 CCVS 的转移特性 $u_2 = f(i_1)$

调节恒流源输出电流 I_1（以电流表读数为准），用电压表测量对应的输出电压 U_2，将数据记入表 1 – 18 中。

表 1 – 18　测试 CCVS 的转移特性实验数据

I_1/mA	0	0.05	0.1	0.15	0.2	0.25	0.3	0.4
U_2/V								

2）测试 CCVS 负载特性 $u_2 = f(R_L)$

保持 $I_1 = 0.2$ mA，负载电阻 R_L 用电阻箱，并调节其大小，用电压表测量对应的输出电压 U_2，将数据记入表 1 − 19 中。

表 1 − 19　测试 CCVS 的负载特性实验数据

R_L/Ω	50	100	150	200	500	1 000	2 000	10 000	80 000
U_2/V									

3. 测试电压控制电压源（VCVS）特性

电压控制电压源（VCVS）可由电压控制电流源（VCCS）和电流控制电压源（CCVS）串联而成。实验电路由图 1 − 15(b)、(c) 构成，将图 1 − 15(b) 的输入端 u_1 接恒压源的可调输出端，输出端 i_2 与图 1 − 15(c) 的输入端 i_1 相连，图 1 − 15(c) 的输出端 u_2 接负载 $R_L = 2$ kΩ（用电阻箱）。

1）测试 VCVS 的转移特性 $u_2 = f(u_1)$

调节恒压源输出电压 U_1（以电压表读数为准），用电压表测量对应的输出电压 U_2，将数据记入表 1 − 20 中。

表 1 − 20　测试 VCVS 的转移特性实验数据

U_1/V	0	1	2	3	4	5	6	7	8
U_2/V									

2）测试 VCVS 的负载特性 $u_2 = f(R_L)$

保持 $U_1 = 2$ V，负载电阻 R_L 用电阻箱，并调节其大小，用电压表测量对应的输出电压 U_2，将数据记入表 1 − 21 中。

表 1 − 21　测试 VCVS 的负载特性实验数据

R_L/Ω	50	70	100	200	300	400	500	1 000	2 000
U_2/V									

4. 测试电流控制电流源（CCCS）特性

电流控制电流源（CCCS）可由电流控制电压源（CCVS）和电压控制电流源（VCCS）串联而成。实验电路由图 1 − 15(b)、(c) 构成，将图 1 − 15(c) 的输入端 i_1 接恒流源，输出端 u_2 与图 1 − 15(b) 的输入端 u_1 相连，图 1 − 15(b) 的输出端 i_2 接负载 $R_L = 2$ kΩ（用电阻箱）。

1）测试 CCCS 的转移特性 $i_2 = f(i_1)$

调节恒流源输出电流 I_1（以电流表读数为准），用电流表测量对应的输出电流 I_2，I_1、I_2 分别用电流插座测量，将数据记入表 1 − 22 中。

表 1 − 22　测试 CCCS 的转移特性实验数据

I_1/mA	0	0.05	0.1	0.15	0.2	0.25	0.3	0.4
I_2/mA								

2）测试 CCCS 的负载特性 $i_2 = f(R_L)$

保持 $I_1 = 0.2$ mA，负载电阻 R_L 用电阻箱，并调节其大小，用电流表测量对应的输出电流 I_2，将数据记入表 1-23 中。

表 1-23 测试 CCCV 的负载特性实验数据

R_L/Ω	50	100	150	200	500	1 000	2 000	10 000	80 000
I_2/mA									

五、注意事项

（1）在用恒流源供电的实验中，不允许恒流源开路。

（2）运算放大器输出端不能与地短路，输入端电压不宜过高（应小于 5 V）。

六、思考题

（1）什么是受控源？了解 4 种受控源的缩写、电路模型、控制量与被控量的关系。

（2）4 种受控源中的转移参量 μ、g、r 和 β 的意义是什么？如何测得？

（3）若受控源控制量的极性反向，试问其输出极性是否发生变化？

（4）如何由两个基本的 VCCS 和 CCVC 获得其他两个 VCVS 和 CCCS，它们的输入、输出如何连接？

（5）了解运算放大器的特性，分析 4 种受控源实验电路的输入、输出关系。

七、实验报告

（1）根据实验数据，在方格纸上分别绘出 4 种受控源的转移特性和负载特性曲线，并求出相应的转移参量 μ、g、r 和 β。

（2）参考实验数据，说明转移参量 μ、g、r 和 β 受电路中哪些参数的影响？如何改变它们的值？

（3）回答思考题中的（3）、（4）题。

实验七

正弦稳态交流电路相量的研究

一、实验目的

(1) 研究正弦稳态交流电路中电压、电流相量之间的关系。

(2) 掌握 RC 串联电路的相量轨迹及其作为移相器的应用。

(3) 掌握日光灯电路的接线。

(4) 理解改善电路功率因数的意义并掌握其方法。

二、实验原理

(1) 在单相正弦交流电路中,用交流电流表测得各支路中的电流值,用交流电压表测得回路各元件两端的电压值,它们之间的关系满足相量形式的基尔霍夫定律,即

$$\sum \dot{I} = 0$$

和

$$\sum \dot{U} = 0$$

(2) 如图 1-21 所示的 RC 串联电路,在正弦稳态信号 $\dot{U}$ 的激励下,$\dot{U}_R$ 与 $\dot{U}_C$ 保持 90° 的相位差,即当阻值 R 改变时,$\dot{U}_R$ 的相量轨迹是一个半圆,$\dot{U}$、$\dot{U}_C$ 与 $\dot{U}_R$ 三者形成一个直角形的电压三角形。R 值改变时,可改变 φ 角的大小,从而达到移相的目的。

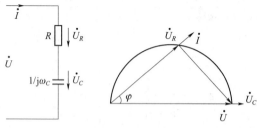

图 1-21 RC 串联电路

(3) 在各个实验电路中,A 是日光灯,L 是镇流器,S 是启辉器,C 是补偿电容器,$\cos\varphi$ 为用以改善电路的功率因数 $\cos\varphi$。有关日光灯的工作原理请自行翻阅相关资料。

三、实验设备

(1) 交流电压表、交流电流表、功率表、功率因素表(在主控制屏上);

（2）调压器（在主控制屏上）；

（3）镇流器、电容器、电流插头、白炽灯、40 W日光灯。

四、实验内容

1. 验证三角形关系

用一个 220 V/40 W 的白炽灯泡（即 R）和电容组成如图 1 – 22 所示的实验电路，按下闭合按钮开关调节调压器至 220 V，按表 1 – 24 要求进行实验，记下实验数据，验证电压三角形关系。

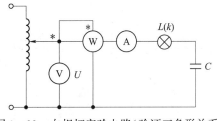

图 1 – 22　白炽灯实验电路（验证三角形关系）

表 1 – 24　验证三角形关系实验数据

测量值			计算值		
U/V	U_R/V	U_C/V	U'（U_R，U_C 组成 Rt△）	ΔU	$\Delta U/U$

2. 日光灯电路的接线与测量

按如图 1 – 23 所示电路接线，经指导教师检查后按下闭合按钮开关，调节自耦调压器的输出，使其输出电压缓慢增大，直到日光灯刚启辉点亮为止，记下 3 个表的指示值。然后将电压调至220 V，测量功率 P，电流 I，电压 U、U_L、U_A 等值，将数据填入表 1 – 25 中，验证电压、电流的相量关系。

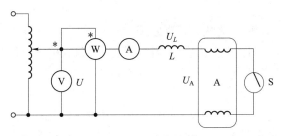

图 1 – 23　日光灯电路

表 1 – 25　日光灯电路实验数据

工作状态	测量数值					计算值	
	P/W	I/A	U/V	U_L/V	U_A/V	$\cos\varphi$	r_0/Ω
启辉							
正常工作							

3. 并联电路——电路功率因数的改善

按如图 1 – 24 所示组成实验电路，经指导老师检查后，方可按下闭合按钮开关。调节自耦调压器的输出至 220 V，记录功率表、电压表读数，通过一只电流表和 3 个电流取样插座分别测得 3 条支路的电流，改变电容值，进行 3 次重复测量，将数据填入表 1 – 26 中。

表 1 - 26   电路功率因数的改善实验数据

电容值	测量数值								计算值	
$C/\mu F$	P/W	U/V	U_C/V	U_L/V	U_A/V	I/A	I_C/A	I_L/A	I/A	$\cos\varphi$

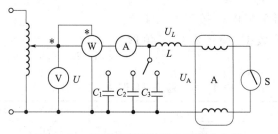

图 1 - 24   电路功率因数的改善实验电路

五、注意事项

（1）功率表要正确接入电路,读数时要注意量程和实际读数的折算关系。

（2）电路接线正确,当日光灯不能启辉时,应检查启辉器的接触是否良好。

（3）通电前确定交流调压器输出电压为零(即调压器逆时针旋到底)。

六、思考题

（1）参阅课外资料,了解日光灯的启辉原理。

（2）在日常生活中,当日光灯上缺少了启辉器时,人们常用一导线将启辉器的两端短接一下,然后迅速断开,使日光灯点亮;或用一只启辉器去点亮多只同类型的日光灯,其原理是什么?

（3）为了提高电路的功率因数,常在感性负载上并联电容器,此时增加了一条电流支路,试问电路的总电流是增大还是减小? 此时感性元件上的电流和功率是否改变?

（4）为什么只采用并联电容器法提高线路功率因数,而不用串联法? 所并联的电容器的电容值是否越大越好?

七、实验报告

（1）完成数据表格中的计算,进行必要的误差分析。

（2）根据实验数据,分别绘制出电压、电流相量图,并验证相量形式的基尔霍夫定律。

（3）讨论改善电路功率因数的意义和方法。

（4）描述连接日光灯电路的心得体会。

实验八

一阶电路暂态过程的研究

一、实验目的

(1) 研究 RC 一阶电路的零状态响应与零输入响应的规律和特点。

(2) 学习一阶电路时间常数的测量方法,了解电路参数对时间常数的影响。

(3) 掌握微分电路和积分电路的基本概念。

二、实验原理

1. RC 一阶电路的零状态响应

RC 一阶电路如图 1-25 所示,当开关 S 在 1 位置时,$u_C = 0$,处于零状态;当开关 S 合向 2 位置时,电源通过 R 向电容 C 充电,$u_C(t)$ 称为零状态响应。

$$u_C(t) = U_S - U_S \mathrm{e}^{-\frac{t}{\tau}}$$

零状态响应变化曲线如图 1-26 所示,u_C 上升到 $0.632U_S$ 所需要的时间称为时间常数 $\tau = RC$。

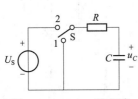

图 1-25　RC 一阶电路

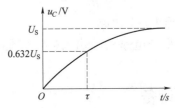

图 1-26　零状态响应变化曲线

2. RC 一阶电路的零输入响应

在图 1-25 所示电路中,当开关 S 在 2 位置且电路稳定再合向 1 位置时,电容 C 通过 R 放电,$u_C(t)$ 称为零输入响应。

$$u_C(t) = U_S \mathrm{e}^{-\frac{t}{\tau}} 0.368U_S$$

零输入响应变化曲线如图 1-27 所示,u_C 下降到 $0.368U_S$ 所需要的时间称为时间常数 $\tau = RC$。

3. 测量 RC 一阶电路时间常数 τ

如图 8-1 所示电路的上述暂态过程很难观察,为了用普通示波器观察电路的暂态过程,需采用如图 1-28 所示的

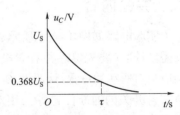

图 1-27　零输入响应变化曲线

周期性方波 u_S 作为电路的激励信号,方波信号的周期为 T,只要满足 $\dfrac{T}{2} \geq 5\tau$,便可在示波器的荧光屏上形成稳定的响应波形。

电阻 R 与电容 C 串联,并与方波发生器的输出端连接,用双踪示波器观察电容电压 u_C,便可观察到稳定的指数曲线,如图 1 - 29 所示。在荧光屏上测得电容电压最大值 U_{CM} 对应的 u_C 轴上的长度为 $a(\text{cm})$,取 $b = 0.632a(\text{cm})$,在指数曲线上,对应时间 t 轴的点为 X 点,则根据时间 t 轴比例尺 $\left(\dfrac{\text{扫描时间 } t}{\text{cm}}\right)$,该电路的时间常数 $\tau = X\dfrac{t}{\text{cm}}$。

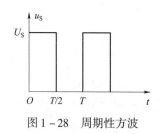

图 1 - 28　周期性方波

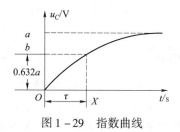

图 1 - 29　指数曲线

4. 微分电路和积分电路

方波信号 u_S 作用在电阻 R 与电容 C 串联的电路中,当电路时间常数 τ 远远小于方波周期 T 时,电阻两端(输出)的电压 u_R 与方波输入信号 u_S 呈微分关系,即

$$u_R \approx RC\dfrac{\mathrm{d}u_S}{\mathrm{d}t}$$

该电路称为微分电路。当电路时间常数 τ 远远大于方波周期 T 时,电容 C 两端(输出)的电压 u_C 与方波输入信号 u_S 呈积分关系,即

$$u_C \approx \dfrac{1}{RC}\int u_S \mathrm{d}t$$

该电路称为积分电路。

微分和积分电路的输出、输入关系如图 1 - 30 所示。

三、实验设备

(1) 双踪示波器;

(2) 信号源(方波输出);

(3) 电阻、导线若干。

四、实验内容

实验电路如图 1 - 31 所示,图中电阻 R、电容 C 按需求选取(要先熟悉并看懂电路走线,认清激励与响应端口所在的位置;认清 R、C 元件的布局及其标称值和各开关的通断位置等),用双踪示波器观察电路

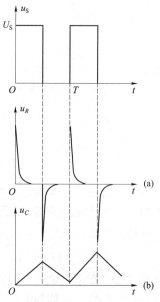

图 1 - 30　微分和积分电路的输入、输出关系
(a) 微分电路;(b) 积分电路

激励(方波)信号和响应信号。u_S 为方波输出信号,将信号源的"波形选择"开关置于方波信号位置上,将信号源的信号输出端与示波器探头连接,接通信号源电源,调节信号源的频率旋钮(包括"频段选择"开关、频率粗调和频率细调旋钮),使输出信号的频率为 1 kHz(由频率计读出),调节输出信号的"幅值调节"旋钮,使方波的峰值 $V_{pp}=2$ V,固定信号源的频率和幅值不变。

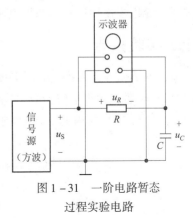

图 1-31　一阶电路暂态
过程实验电路

1. RC 一阶电路的充、放电过程

1) 测量时间常数 τ

选择 R、C 元件,令 $R=10$ kΩ,$C=0.01$ μF,用示波器观察激励 u_S 与响应 u_C 的变化规律,测量并记录时间常数 τ。

2) 观察时间常数 τ(即电路参数 R、C)对暂态过程的影响

令 $R=10$ kΩ,$C=0.01$ μF,观察并描绘响应的波形,继续增大 C(取 $0.01\sim0.1$ μF)或 R(取 30 kΩ),定性地观察对响应的影响。

2. 微分电路和积分电路

1) 积分电路

选择 EEL-52 上的 R、C 元件,令 $R=100$ kΩ,$C=0.01$ μF,用示波器观察激励 u_S 与响应 u_C 的变化规律。

2) 微分电路

将实验电路中的 R、C 元件位置互换,令 $R=100$ Ω,$C=0.01$ μF,用示波器观察激励 u_S 与响应 u_R 的变化规律。

五、注意事项

(1) 在调节电子仪器各旋钮时,动作不要过猛。实验前,需熟悉双踪示波器的使用说明。在观察双踪时,要特别注意开关、旋钮的操作与调节,并注意示波器探头的地线不允许同时接不同的电势。

(2) 信号源的接地端与示波器的接地端要连在一起(称共地),以防外界干扰而影响测量的准确性。

(3) 示波器的辉度不应过亮,尤其是当光点长期停留在荧光屏上不动时,应将辉度调暗,以延长示波管的使用寿命。

六、思考题

(1) 当用示波器观察 RC 一阶电路零状态响应和零输入响应时,为什么激励信号必须是方波?

(2) 已知 RC 一阶电路的 $R=10$ kΩ,$C=0.01$ μF,试计算时间常数 τ,并根据 τ 值的物理意义,拟定测量 τ 的方案。

(3) 在 RC 一阶电路中,当 R、C 的大小变化时,对电路的响应有何影响?

(4) 何谓积分电路和微分电路?它们必须具备什么条件?它们在方波激励下的输出信号

波形的变化规律如何？这两种电路有何功能？

七、实验报告

（1）根据实验内容 1 的观测结果，绘制出 RC 一阶电路充、放电时 u_c 与激励信号对应的变化曲线，由曲线测得 τ 值，并与参数值的理论计算结果作比较，分析误差原因。

（2）根据实验内容 2 的观测结果，绘制出积分电路、微分电路输出信号与输入信号对应的波形。

（3）回答思考题中的(3)、(4)题。

二阶电路暂态过程的研究

一、实验目的

(1) 研究 RLC 二阶电路的零状态响应、零输入响应的规律和特点,了解电路参数对响应的影响。

(2) 学习二阶电路衰减系数、振荡频率的测量方法,了解电路参数对它们的影响。

(3) 观察、分析二阶电路响应的 3 种变化曲线及其特点,加深对二阶电路响应的认识与理解。

二、实验原理

1. 零状态响应

在如图 1 – 32 所示 RLC 电路中,$u_C(0) = 0$,在 $t = 0$ 时开关 S 闭合,电压方程为

$$LC \frac{\mathrm{d}^2 u_C}{\mathrm{d}t} + RC \frac{\mathrm{d}u_C}{\mathrm{d}t} + u_C = U$$

这是一个二阶常系数非齐次微分方程,该电路称为二阶电路,电源电压 U 为激励信号,电容两端电压 u_C 为响应信号。根据微分方程理论,u_C 包含两个分量:暂态分量 u''_C 和稳态分量 u'_C,即 $u_C = u''_C + u'_C$,具体解与电路参数 R、L、C 有关。

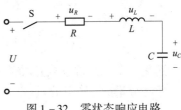

图 1 – 32 零状态响应电路

当满足 $R < 2\sqrt{\dfrac{L}{C}}$ 时

$$u_C(t) = u''_C + u'_C = Ae^{-\delta t}\sin(\omega t + \varphi) + U$$

其中,衰减系数为

$$\delta = \frac{R}{2L}$$

衰减时间常数为

$$\tau = \frac{1}{\delta} = \frac{2L}{R}$$

振荡频率为

$$\omega = \sqrt{\frac{1}{LC} - \left(\frac{R}{2L}\right)^2}$$

振荡周期为

$$T = \frac{1}{f} = \frac{2\pi}{\omega}$$

变化曲线如图 1-33(a)所示,u_C 的变化处在衰减振荡状态,由于电阻 R 比较小,故又称为欠阻尼状态。

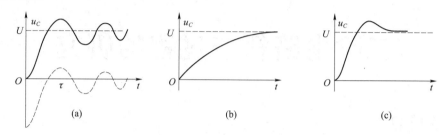

图 1-33 u_C 变化曲线

(a) 欠阻尼状态;(b) 过阻尼状态;(c) 临界阻尼状态

当满足 $R > 2\sqrt{\dfrac{L}{C}}$ 时,u_C 的变化处在过阻尼状态,由于电阻 R 比较大,电路中的能量被电阻很快消耗掉,u_C 无法振荡,变化曲线如图 1-33(b)所示。

当满足 $R = 2\sqrt{\dfrac{L}{C}}$ 时,u_C 的变化处在临界阻尼状态,变化曲线如图 1-33(c)所示。

2. 零输入响应

在如图 1-34 所示电路中,开关 S 与 1 端闭合,电路处于稳定状态,$u_C(0) = U$,在 $t = 0$ 时开关 S 与 2 端闭合,输入激励为零,电压方程为

$$LC\frac{\mathrm{d}^2 u_C}{\mathrm{d}t} + RC\frac{\mathrm{d}u_C}{\mathrm{d}t} + u_C = 0$$

这是一个二阶常系数齐次微分方程,根据微分方程理论,u_C 只包含暂态分量 u_C'',稳态分量 u_C' 为零。和零状态响应一样,根据 R 与 $2\sqrt{\dfrac{L}{C}}$ 的大小关系,u_C 的变化规律分为衰减振荡(欠阻尼)、过阻

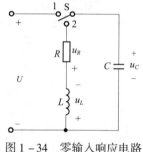

图 1-34 零输入响应电路

尼和临界阻尼三种状态,衰减系数、衰减时间常数、振荡频率与零状态响应完全一样。

本实验对 RCL 并联电路进行研究,激励采用方波脉冲,二阶电路在方波正、负阶跃信号的激励下,可获得零状态与零输入响应,响应的规律与 RLC 串联电路相同。测量 u_C 衰减振荡的参数,如图 1-33(a)所示,用示波器测出振荡周期 T,便可计算出振荡频率 ω,按照衰减轨迹曲线,测量 $-0.367A$ 对应的时间 τ,便可计算出衰减系数 δ。

三、实验设备

(1) 双踪示波器;

(2) 信号源(方波输出);

(3) 电阻、导线若干。

四、实验内容

实验电路如图 1 – 35 所示,其中:$R_1 = 10$ kΩ, $L = 15$ mH, $C = 0.01$ μF, R_2 为 10 kΩ 电位器(可调电阻),信号源的输出为最大值 $U_M = 2$ V,频率 $f = 1$ kHz 的方波脉冲,通过插头接至实验电路的激励端,同时用同轴电缆将激励端和响应输出端接至双踪示波器的 Y_A 和 Y_B 两个输入口。

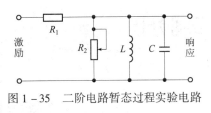

图 1 – 35　二阶电路暂态过程实验电路

(1) 调节电阻器 R_2,观察二阶电路的零状态响应和零输入响应由过阻尼状态过渡到临界阻尼状态,最后过渡到欠阻尼状态的变化过程,分别定性地描绘出响应的典型变化波形。

(2) 调节 R_2,使示波器荧光屏上呈现稳定的欠阻尼响应波形,定量测定此时电路的衰减常数 δ 和振荡频率 ω,并记入表 1 – 27 中。

(3) 改变电路参数,按表 1 – 27 中的数据要求重复步骤(2)的测量,仔细观察当改变电路参数时,δ 和 ω 的变化趋势,并将数据记入表 1 – 27 中。

表 1 – 27　二阶电路暂态过程实验数据

电路参数 实验次数	元件参数				测量值	
	$R_1/kΩ$	R_2	L/mH	C	δ	ω
1	10	调至欠阻尼状态	15	1 000 pF		
2	10		15	3 300 pF		
3	10		15	0.01 μF		
4	30		15	0.01 μF		

五、注意事项

(1) 当调节电位器 R_2 时,要细心、缓慢,临界阻尼状态要找准。

(2) 当在双踪示波器上同时观察激励信号和响应信号时,显示要稳定。如不同步,则可采用外同步法(看示波器说明)触发。

六、思考题

(1) 什么是二阶电路的零状态响应和零输入响应? 它们的变化规律和哪些因素有关?

(2) 根据二阶电路实验电路中元件的参数,计算出当电路处于临界阻尼状态时 R_2 的值。

(3) 在示波器荧光屏上,如何测得二阶电路零状态响应和零输入响应欠阻尼状态的衰减系数 δ 和振荡频率 ω?

七、实验报告

(1) 根据观测结果,在方格纸上描绘出二阶电路过阻尼、临界阻尼和欠阻尼的响应波形;

(2) 测算欠阻尼振荡曲线上的衰减系数 δ、衰减时间常数 τ、振荡周期 T 和振荡频率 ω;

(3) 归纳、总结电路元件参数的改变对响应变化趋势的影响;

(4) 回答思考题中的(2)题。

实验十

交流串联电路的研究

一、实验目的

(1) 学会使用交流数字仪表(电压表、电流表、功率表)和自耦调压器。
(2) 学会使用交流数字仪表测量交流电路的电压、电流和功率的方法。
(3) 学会使用交流数字仪表测定交流电路参数的方法。
(4) 加深对阻抗、阻抗角及相位差等概念的理解。

二、实验原理

正弦交流电路中各个元件的参数值,可以用交流电压表、交流电流表及功率表,分别测量出元件两端的电压 U 及流过该元件的电流 I 和它所消耗的功率 P,然后通过计算得到。这种方法称为三表法,是用来测量 50 Hz 交流电路参数的基本方法。计算的基本公式如下:

电阻元件的电阻为

$$R = \frac{U_R}{I} \text{ 或 } R = \frac{P}{I^2}$$

电感元件的感抗为

$$X_L = \frac{U_L}{I}$$

电感为

$$L = \frac{X_L}{2\pi f}$$

电容元件的容抗为

$$X_C = \frac{U_C}{I}$$

电容为

$$C = \frac{1}{2\pi f X_C}$$

串联电路复阻抗的模为

$$|Z| = \frac{U}{I}$$

阻抗角为

$$\varphi = \arctan \frac{X}{R}$$

式中,等效电阻为

$$R = \frac{P}{I^2}$$

等效电抗为

$$X = \sqrt{|Z|^2 - R^2}$$

本次实验电阻元件用白炽灯(非线性电阻),电感线圈用镇流器。由于镇流器线圈的金属导线具有一定的阻值,因而,镇流器可以由电感和电阻相串联来表示,电容器一般可认为是理想的电容元件。

在 *RLC* 串联电路中,各元件电压之间存在相位差,电源电压应等于各元件电压的相量和,而不能用它们的有效值直接相加。

电路功率用功率表测量,功率表(又称为瓦特表)是一种电动式仪表,其中电流线圈与负载串联(具有两个电流线圈,可串联或并联,以便得到两个电流),而电压线圈与电源并联,电流线圈和电压线圈的同名端(标有 * 号端)必须连在一起,如图 1 – 36 所示。本实验使用数字式功率表,连接方法与电动式功率表相同,电压、电流量程分别选 500 V 和 3 A。

图 1 – 36　同名端接线

三、实验设备

(1) 交流电压表、交流电流表、功率表(在控制屏);
(2) 自耦调压器(输出可调的交流电压);
(3) 镇流器、电容器、电流插头、白炽灯、日光灯。

四、实验内容

测量电路如图 1 – 37 所示,功率表的连接方法见图 1 – 36,交流电源经自耦调压器调压后向负载 Z 供电。

1. 测量白炽灯的电阻

如图 1 – 37 所示电路中的 Z 为一个 220 V/40 W 的白炽灯,用自耦调压器调压,使 U 为 220 V(用电压表测量),并测量电流和功率,记入自拟的数据表格中。

将电压 U 调到 110 V,重复上述实验。

2. 测量电容器的容抗

将如图 1 – 37 所示电路中的 Z 换为 4.3 μF/630 V 的
电容器(改接电路时必须断开交流电源),将电压 U 调到 220 V,测量电压、电流和功率,记入自拟的数据表格中。

将电容器换为 2.2 μF/630 V,重复上述实验。

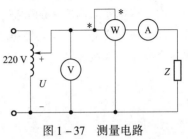

图 1 – 37　测量电路

3. 测量镇流器的参数

将如图 1 – 37 所示电路中的 Z 换为镇流器,将电压 U 分别调到 180 V 和 90 V,测量电压、电流和功率,记入自拟的数据表格中。

4. 测量日光灯电路

日光灯电路如图 1 – 38 所示,用该电路取代如图 1 – 37 所示电路中的 Z,将电压 U 调到 220 V,测量日光灯管两端电压 U_R、镇流器电压 U_{RL} 和总电压 U 以及电流和功率,并记入自拟的数据表格中。

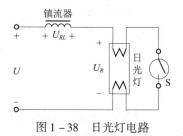

图 1 – 38 日光灯电路

五、注意事项

(1) 通常功率表不能单独使用,要有电压表和电流表监测,电压表和电流表的读数不得超过功率表电压和电流的限量。

(2) 注意功率表的正确接线,通电前必须经指导教师检查。

(3) 自耦调压器在接通电源前,应将其手柄置于零位上;调节时,使其输出电压从零开始逐渐升高。每次改接实验负载或实验完毕后,都必须先将其旋柄慢慢调回至零位,再断开电源。必须严格遵守安全操作规程。

六、思考题

(1) 自拟实验所需的全部表格。

(2) 在 50 Hz 的交流电路中,测得一只铁芯线圈的 P、I 和 U,如何计算它的电阻值及电感量?

(3) 参阅课外资料,了解日光灯的电路连接和工作原理。

(4) 了解功率表的连接方法。

(5) 了解自耦调压器的操作方法。

七、实验报告

(1) 根据实验内容 1 的数据,计算白炽灯在不同电压下的电阻值;

(2) 根据实验内容 2 的数据,计算电容器的容抗和电容值;

(3) 根据实验内容 3 的数据,计算镇流器的参数(电阻 R 和电感 L);

(4) 根据实验内容 4 的数据,计算日光灯的电阻值,画出各个电压和电流的相量图,并说明各个电压之间的关系。

提高电感性负载功率因数的研究

一、实验目的

(1) 研究提高电感性负载功率因数的方法和意义。

(2) 进一步熟悉、掌握使用交流仪表和自耦调压器的方法。

(3) 进一步加深对相位差等概念的理解。

二、实验原理

供电系统由电源(发电机或变压器)通过输电线路向负载供电。负载通常有电阻性负载,如白炽灯、电阻加热器等,也有电感性负载,如电动机、变压器、线圈等,一般情况下,这两种负载会同时存在。由于电感性负载有较大的感抗,因而功率因数较低。

若电源向负载传送的有功功率 $P = UI\cos\varphi$,当功率 P 和供电电压 U 一定时,功率因数 $\cos\varphi$ 越小,线路电流 I 就越大,从而增加了线路电压降和线路功率损耗,若线路总电阻为 R_1,则线路电压降和线路功率损耗分别为 $\Delta U_1 = IR_1$ 和 $\Delta P_1 = I^2R_1$;另外,负载的功率因数越小,表明无功功率就越大,电源就必须用较大的容量和负载电感进行能量交换,电源向负载提供有功功率的能力就必然下降,从而降低了电源容量的利用率。因此,为了提高供电系统的经济效益和供电质量,必须采取措施提高电感性负载的功率因数。

通常提高电感性负载功率因数的方法是在负载两端并联适当数量的电容器,使负载的总无功功率 $Q = Q_L - Q_C$ 减小,在传送的有功功率 P 不变时,使得功率因数提高,线路电流减小。当并联电容器的 $Q_C = Q_L$ 时,总无功功率 $Q = 0$,此时功率因数 $\cos\varphi = 1$,线路电流 I 最小。若继续并联电容器,将导致功率因数下降、线路电流增大,这种现象称为过补偿。

负载功率因数可以用三表法测量电源电压 U、负载电流 I 和功率 P,再用公式 $\lambda = \cos\varphi = \dfrac{P}{UI}$ 计算而得。

本实验的电感性负载用铁芯线圈(日光灯镇流器),电源用 220 V 交流电经自耦调压器调压供电。

三、实验设备

(1) 交流电压表、交流电流表、功率表、功率因数表(在主控制屏上);

(2) 自耦调压器(输出交流可调电压);

（3）镇流器、630 V/4.3 μF电容器、电流插头、30 W日光灯。

四、实验内容

按如图1-39所示电路接线，经指导老师检查后，方可按下开关按钮。调节自耦调压器的输出电压为220 V，记录功率表、功率因数表、电压表和电流表的读数，接入电容，从小到大增加电容的容值，记录不同电容值时功率表、功率因数表、电压表和电流表的读数，并记入表1-28中。

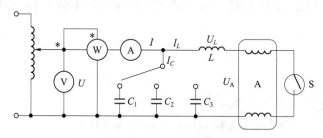

图1-39　提高电感性负载功率因素实验电路

表1-28　提高电感性负载功率因数实验数据

C/μF	P/W	U/V	U_C/V	U_L/V	U_A/V	I/A	I_C/A	I_L/A	cosφ
0									
0.47									
1									
1.47									
2.2									
2.67									
3.2									
3.67									
4.3									
4.77									
5									
6.47									
6.5									
7.5									

五、注意事项

（1）功率表要正确接入电路，通电前要经指导教师检查。

（2）注意输出电压为零（即调压器逆时针旋到底）。

（3）本实验用电流取样插头测量3条支路的电流。

（4）在实验过程中，一直要保持负载电压 U_2 等于 210 V，以便对实验数据进行比较。

六、思考题

（1）电感性负载为什么功率因数较低？负载较低的功率因数对供电系统有何影响？为什么？

（2）为了提高电路的功率因数，常在感性负载上并联电容器，即增加了一条电流支路，试问电路的总电流是增大了还是减小了？此时感性负载上的电流和功率是否改变？

（3）提高线路功率因数为什么只采用并联电容器法，而不用串联法？

（4）自拟实验所需的所有表格。

（5）了解日光灯工作原理。

七、实验报告

（1）根据实验数据，计算出日光灯在并联不同电容器时的功率因数，并说明并联电容器对功率因数的影响。绘制出功率因数与所并联电容容值的曲线，所并联电容的容值是否越大越好？

（2）根据表 1－28 中的电流数据，判断 I 是否等于 $I_C + I_L$，并说明原因。

（3）画出所有电流和电源电压的相量图，说明改变并联电容的大小对相量图有何影响。

（4）根据实验数据，从减小线路电压降及线路功率损耗和充分利用电源容量两个方面说明提高功率因数的经济意义。

（5）回答思考题中的（1）、（2）、（3）题。

实验十二

交流电路频率特性的测定

一、实验目的

(1) 研究电阻、感抗、容抗与频率的关系,测定它们随频率变化的特性曲线。

(2) 学会测定交流电路频率特性的方法。

(3) 了解滤波器的原理及其基本电路。

(4) 学习使用信号源、频率计和交流毫伏表。

二、实验原理

1. 单个元件阻抗与频率的关系

对于电阻元件,因 $\dfrac{\dot{U}_R}{\dot{I}_R} = R \angle 0°$,其中 $\dfrac{U_R}{I_R} = R$,故电阻 R 与频率无关;

对于电感元件,因 $\dfrac{\dot{U}_L}{\dot{I}_L} = jX_L$,其中 $\dfrac{U_L}{I_L} = X_L = 2\pi fL$,故感抗 X_L 与频率成正比;

对于电容元件,因 $\dfrac{\dot{U}_C}{\dot{I}_C} = -jX_C$,其中 $\dfrac{U_C}{I_C} = X_C = \dfrac{1}{2\pi fC}$,故容抗 X_C 与频率成反比。

测量元件阻抗频率特性的电路如图 1–40 所示,图中的 r 是提供测量回路电流用的标准电阻,流过被测元件的电流(I_R、I_L、I_C)则可由 r 两端的电压 U_r 除以阻值 r 所得,又根据上述 3 个公式,用被测元件的电流除对应的元件电压,便可得到 R、X_L 和 X_C 的数值。

2. 交流电路的频率特性

由于交流电路中感抗 X_L 和容抗 X_C 均与频率有关,因而输入电压(或称激励信号)在有效值不变的情况下,改变频率大小,电路电流和各元件电压(或称响应信号)也会发生变化。这种电路响应随激励频率变化的特性称为频率特性。

若电路的激励信号为 $E_x(j\omega)$,响应信号为 $R_e(j\omega)$,则频率特性函数为

$$N(j\omega) = \frac{R_e(j\omega)}{E_x(j\omega)} = A(\omega) \angle \varphi(\omega)$$

式中,$A(\omega)$ 为响应信号与激励信号的大小之比,是 ω 的函数,称为幅频特性;$\varphi(\omega)$ 为响应信号与激励信号的相

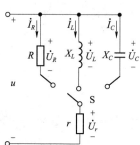

图 1–40　元件阻抗频率特性测量电路

位差角,也是 ω 的函数,称为相频特性。

在本实验中,研究 3 个典型电路的幅频特性,其幅频特性曲线如图 1-41 所示。其中,图 1-41(a)在高频时有响应(即有输出),对应的电路称为高通滤波器;图 1-41(b)在低频时有响应(即有输出),对应的电路称为低通滤波器,图中与 $A=0.707$ 对应的频率 f_C 称为截止频率,在本实验中用 RC 网络组成的高通滤波器和低通滤波器的截止频率 f_C 均为 $\dfrac{1}{2}\pi RC$;图 1-41(c)在一个频带范围内有响应(即有输出),对应的电路称为带通滤波器,图中 f_{C1} 称为下限截止频率,f_{C2} 称为上限截止频率,通频带 $BW=f_{C2}-f_{C1}$。

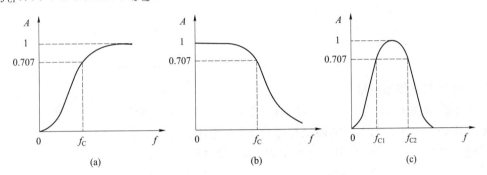

图 1-41 3 个典型电路的幅频特性曲线
(a)高通滤波器;(b)低通滤波器;(c)带通滤波器

三、实验设备

(1) 信号源(含频率计);
(2) 交流毫伏表;
(3) 电阻、电感、电容、导线若干。

四、实验内容

1. 测量 R、L、C 元件的阻抗频率特性

实验电路如图 1-40 所示,图中:$r=300\ \Omega$,$R=1\ \text{k}\Omega$,$L=15\ \text{mH}$,$C=0.01\ \mu\text{F}$。选择信号源正弦波输出作为输入电压 u,调节信号源输出电压幅值,并用交流毫伏表测量,使输入电压 u 的有效值 $U=2\ \text{V}$,并保持不变。

用导线分别接通 R、L、C 3 个元件,调节信号源的输出频率,从 1 kHz 逐渐增至 20 kHz(用频率计测量),用交流毫伏表分别测量 U_R、U_L、U_C 和 U_r,将实验数据记入表 1-29 中,并通过计算得到各频率点的 R、X_L 和 X_C。

表 1-29 R、L、C 元件的阻抗频率特性实验数据

频率 f/kHz		1	2	5	10	15	20
R	U_r/V						
	U_R/V						
	$I_R(=U_r/r)$/mA						
	$R(=U_R/I_R)$/Ω						

续表

频率 f/kHz		1	2	5	10	15	20
X_L	U_r/V						
	U_L/V						
	$I_L(=U_r/r)$/mA						
	$X_L(=U_L/I_L)$						
X_C	U_r/V						
	U_C/V						
	$I_C(=U_r/r)$/mA						
	$X_C(=U_C/I_C)$						

2. 高通滤波器频率特性

实验电路如图 1-42 所示,图中:$R=1\ \text{k}\Omega$,$C=0.022\ \mu\text{F}$。用信号源输出正弦波电压作为电路的激励信号(即输入电压)u_i,调节信号源正弦波输出电压幅值,并用交流毫伏表测量,使激励信号 u_i 的有效值 $U_i=2\ \text{V}$,并保持不变。调节信号源的输出频率,从 1 kHz 逐渐增至 20 kHz(用频率计测量),用交流毫伏表测量响应信号(即输出电压)U_R,将实验数据记入表 1-30 中。

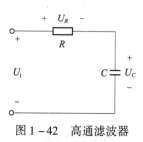

图 1-42 高通滤波器

表 1-30 频率特性实验数据

f/kHz	1	3	6	8	10	15	20
U_R/V							
U_C/V							
U_o/V							

3. 低通滤波器频率特性

实验电路和步骤同实验内容 2,只是响应信号(即输出电压)取自电容两端电压 U_C,将实验数据记入表 1-30 中。

4. 带通滤波器频率特性

实验电路如图 1-43 所示,图中:$R=1\ \text{k}\Omega$,$L=15\ \text{mH}$,$C=0.1\ \mu\text{F}$。实验步骤同实验 2,响应信号(即输出电压)取自电阻两端电压 U_o,将实验数据记入表 1-30 中。

五、注意事项

交流毫伏表属于高阻抗电表,测量前必须调零。

六、思考题

(1) 如何利用交流毫伏表测量电阻 R、感抗 X_L 和容抗 X_C? 它们的大小和频率有何关系?

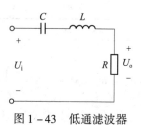

图 1-43 低通滤波器

（2）什么是频率特性？高通滤波器、低通滤波器和带通滤波器的幅频特性有何特点？如何测量？

七、实验报告

（1）根据表 1-29 实验数据，在方格纸上绘制出 R、X_L、X_C 与频率关系的特性曲线，并分析它们和频率的关系。

（2）根据表 1-29 实验数据，定性地画出 RLC 串联电路的阻抗与频率关系的特性曲线，并分析阻抗和频率的关系。

（3）根据表 1-30 实验数据，在方格纸上绘制高通滤波器和低通滤波器的幅频特性曲线，从曲线上：求得截止频率 f_C，并与计算值相比较；说明它们各具有什么特点。

（4）根据表 1-30 实验数据，在方格纸上绘制出带通滤波器的幅频特性曲线，从曲线上求得截止频率 f_{C1} 和 f_{C2}，并计算通频带 BW。

实验十三

RLC 串联谐振电路的研究

一、实验目的

(1) 加深理解电路发生谐振的条件、特点,掌握电路品质因数(电路 Q 值)、通频带的物理意义及其测定方法;

(2) 学习用实验方法绘制 *RLC* 串联电路在不同 Q 值下的幅频特性曲线;

(3) 熟练使用信号源、频率计和交流毫伏表。

二、实验原理

在图 1 – 44 所示的 *RLC* 串联电路中,电路复阻抗 $Z = R + \mathrm{j}\left(\omega L - \dfrac{1}{\omega C}\right)$,当 $\omega L = \dfrac{1}{\omega C}$ 时,$Z = R$,$\dot{U}$ 与 $\dot{I}$ 同相,电路发生串联谐振,谐振角频率 $\omega_0 = \dfrac{1}{\sqrt{LC}}$,谐振频率 $f_0 = \dfrac{1}{2\pi\sqrt{LC}}$。

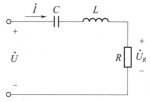

图 1 – 44　*RLC* 串联电路

在图 1 – 44 电路中,若 $\dot{U}$ 为激励信号,$\dot{U}_R$ 为响应信号,则其幅频特性曲线如图 1 – 45 所示,当 $f = f_0$ 时,$A = 1$,$\dot{U}_R = \dot{U}$;当 $f \neq f_0$ 时,$\dot{U}_R < \dot{U}$,呈带通特性。$A = 0.707$,即 $\dot{U}_R = 0.707\dot{U}$,所对应的两个频率 f_L 和 f_H 分别称为下限频率和上限频率,$f_H - f_L$ 为通频带。通频带的宽窄与电阻 R 有关,不同阻值的幅频特性曲线如图 1 – 46 所示。

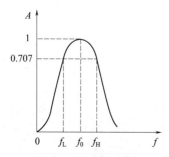

图 1 – 45　R 的幅频特性曲线

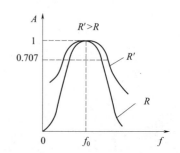

图 1 – 46　不同阻值的幅频特性曲线

当电路发生串联谐振时,$\dot{U}_R = \dot{U}$,$\dot{U}_L = \dot{U}_C = Q U$,$Q$ 称为品质因数,与电路的参数 R、L、C 有关。Q 值越大,幅频特性曲线越尖锐,通频带越窄,电路的选择性越好。在恒压源供电时,电路的品质因数、选择性与通频带只决定于电路本身的参数,而与信号源无关。

在本实验中,用交流毫伏表测量不同频率下的电压 U、U_R、U_L、U_C,绘制 R、L、C 串联电路的幅频特性曲线,并根据 $\Delta f = f_H - f_L$ 计算出通频带,再根据 $Q = \dfrac{\dot{U}_L}{\dot{U}} = \dfrac{\dot{U}_C}{\dot{U}}$ 或 $Q = \dfrac{f_0}{f_H - f_L}$ 计算出品质因数。

三、实验设备

(1) 信号源(含频率计);
(2) 交流毫伏表;
(3) 电阻、电容、电感、导线若干。

四、实验内容

(1) 按图 1-47 组成监视、测量电路,用交流毫伏表测量电压,用示波器监视信号源输出,令其输出幅值等于 1 V,并保持不变。

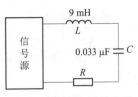

图 1-47 监视、测量电路

(2) 找出电路的谐振频率 f_0,其方法是,将毫伏表接在 $R(51\ \Omega)$ 两端,令信号源的频率由小逐渐变大(注意要维持信号源的输出幅值不变),当 U_R 的读数为最大时,频率计上的频率值即为电路的谐振频率 f_0,测量出此时的 U_C 与 U_L(注意及时更换毫伏表的量程)。

(3) 在谐振点两侧,按频率递增或递减 500 Hz 或 1 kHz 的顺序,依次各取 8 个测量点,逐点测出 U_R、U_L、U_C 的值,将数据记入表 1-31 中。

表 1-31 监视、测量电路实验数据($R = 51\ \Omega$)

f/kHz									
U_R/V									
U_L/V									
U_C/V									

(4) 改变电阻值(R 为 $100\ \Omega$),重复步骤(2)、(3)的测量过程,并将数据记录在表1-32 中。

表 1-32 监视、测量电路实验数据($R = 100\ \Omega$)

f/kHz									
U_R/V									
U_L/V									
U_C/V									

五、注意事项

(1) 测试频率点的选择应在靠近谐振频率附近处多取几个点,在改变频率时,应调整信号

输出电压幅值,使其维持在 1 V 不变;

（2）在测量 U_L 和 U_C 数值前,应将毫伏表的量程大约调整十倍,而且在测量 U_L 与 U_C 时毫伏表的"+"端应接电感与电容的公共点。

六、思考题

（1）根据实验元件的参数值,估算电路的谐振频率,并自拟测量谐振频率的数据表格。

（2）改变电路的哪些参数可以使电路发生谐振？电路中 R 值的变化是否会影响谐振频率？

（3）如何判别电路是否发生谐振？测试谐振点的方案有哪些？

（4）电路发生串联谐振时,为什么输入电压的幅值不能太大？如果信号源给出 1 V 的电压,当电路谐振时,用交流毫伏表测 U_L 和 U_C,应该选择用多大的量程？为什么？

（5）要提高 RLC 串联电路的品质因数,电路参数应如何改变？

七、实验报告

（1）电路谐振时,比较输出电压 $\dot{U}_R$ 与输入电压 $\dot{U}$ 是否相等;$\dot{U}_L$ 和 $\dot{U}_C$ 是否相等。试分析原因。

（2）根据测量数据,绘出不同 Q 值时的 3 条幅频特性曲线:

$$\dot{U}_R = f(f),\ \dot{U}_L = f(f),\ \dot{U}_C = f(f)$$

（3）计算通频带与 Q 值,说明不同 R 值对电路通频带与品质因素的影响。

（4）对两种不同的测 Q 值的方法进行比较,分析误差原因。

（5）回答思考题中的（1）、（2）、（5）题。

（6）试总结串联谐振电路的特点。

实验十四

三相电路电压、电流的测量

一、实验目的

(1) 练习三相负载的星形连接和三角形连接。
(2) 了解三相电路线电压与相电压、线电流与相电流之间的关系。
(3) 了解三相四线制供电系统中中线的作用。
(4) 观察线路故障时的情况。

二、实验原理

电源用三相四线制向负载供电,三相负载可接成星形(又称 Y 形)或三角形(又称△形)。

当三相对称负载作 Y 形连接时,线电压 U_L 是相电压 U_P 的 $\sqrt{3}$ 倍,线电流 I_L 等于相电流 I_P,即:$U_L = \sqrt{3}U_P$,$I_L = I_P$,流过中线的电流 $I_N = 0$;作△形连接时,线电压 U_L 等于相电压 U_P,线电流 I_L 是相电流 I_P 的 $\sqrt{3}$ 倍,即 $I_L = \sqrt{3}I_P$,$U_L = U_P$。

不对称三相负载作 Y 连接时,必须采用 Y_0 接法,中线必须牢固连接,以保证三相不对称负载的每相电压都等于电源的相电压(三相对称电压)。若中线断开,则会导致三相负载电压不对称,致使负载轻的那一相的相电压过高,使负载损坏;负载重的一相的相电压过低,使负载不能正常工作。对于不对称负载作△连接时,$I_L \neq \sqrt{3}I_P$,但只要电源的线电压 U_L 对称,则加在三相负载上的电压仍是对称的,对各相负载工作没有影响。

本实验中,用三相调压器调压输出作为三相交流电源,用 3 组白炽灯作为三相负载,线电流、相电流、中线电流用电流插头和插座测量。

三、实验设备

(1) 三相交流电源;
(2) 交流电压表、交流电流表;
(3) 白炽灯、电阻、导线若干。

四、实验内容

1. 三相负载星形连接(三相四线制供电)

实验电路如图 1 – 48 所示,将白炽灯按图连接成星形接法。用三相调压器调压输出作为三相交流电源,具体操作如下。将三相调压器的旋钮置于三相电压输出为 0 的位置(即逆时针旋到底),然后旋转旋钮,调节调压器的输出,使输出的三相线电压为 220 V。测量线电压和相电压,并记录数据。

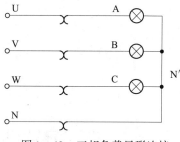

图 1-48　三相负载星形连接

两个灯泡应该串联,做不对称实验时,将第四相灯泡并到其他三相灯泡的任意一相即可。

(1) 在有中线的情况下,用高压电流取样导线测量三相负载对称和不对称时的各相电流、中线电流,并测量各相电压,将数据记入表 1-33 中,并记录各灯的亮度。

(2) 在无中线的情况下,分别测量三相负载对称和不对称时的线电流、相电压和电源中点 N 到负载中点 N' 的电压 $U_{NN'}$,将数据记入表 1-33 中,并记录、比较各灯的亮度。

表 1-33　负载星形连接实验数据

中线连接	每相灯盏数			相电压/V			线电流/A				$U_{NN'}$/V	亮度比较 A、B、C
	A	B	C	U_A	U_B	U_C	I_A	I_B	I_C	I_N		
有	1	1	1									
	1	2	1									
	1	断开	2									
无	1	断开	2									
	1	2	1									
	1	1	1									

2. 三相负载三角形连接

实验电路如图 1-49 所示,将白炽灯按图连接成三角形接法。调节三相调压器的输出电压,使输出的三相线电压为 220 V。分别测量三相负载对称和不对称时的相电流、线电流和相电压,将数据记入表 1-34 中,并记录比较各灯的亮度。

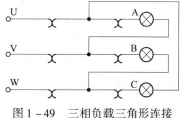

图 1-49　三相负载三角形连接

表 1-34　负载三角形连接实验数据

每相灯盏数			相电压/V			线电流/A			相电流/A			亮度比较
A-B	B-C	C-A	U_{AB}	U_{BC}	U_{CA}	I_A	I_B	I_C	I_{AB}	I_{BC}	I_{CA}	
1	1	1										
1	2	1										

五、注意事项

(1) 每次接线完毕,同组同学应自查一遍,再经指导教师检查后,方可接通电源,必须严格遵守先接线、后通电,先断电、后拆线的实验操作原则。

（2）星形负载做短路实验时，必须先断开中线，以免发生短路事故。

（3）在测量、记录各电压、电流时，注意分清它们是哪一相、哪一线，防止记错。

（4）实验时，应将每相的两个灯泡串联；做不对称实验时，应将第四相并到其他三相的另一相上。

六、思考题

（1）三相负载根据什么原则选择星形或三角形连接？本实验为什么将三相电源线电压设定为 220 V？

（2）三相负载按星形或三角形连接，它们的线电压与相电压、线电流与相电流有何关系？当三相负载对称时又有何关系？

（3）说明三相四线制供电系统中中线的作用。中线上能安装保险丝吗？为什么？

七、实验报告

（1）根据实验数据，在负载为星形连接时，$U_L = \sqrt{3} U_P$ 在什么条件下成立？在三角形连接时，$I_L = \sqrt{3} I_P$ 在什么条件下成立？

（2）用实验数据和观察到的现象，总结三相四线制供电系统中中线的作用。

（3）用不对称三角形连接的负载能否正常工作？实验是否能证明这一点？

（4）根据不对称负载三角形连接时测得的实验数据，画出各相电压、相电流和线电流的相量图，并证实实验数据的准确性。

实验十五

三相电路功率的测量

一、实验目的

（1）学会用功率表测量三相电路的功率；

（2）掌握功率表的接线和使用方法。

二、实验原理

1. 三相四线制供电，负载星形连接（即 Y_0 接法）

对于三相不对称负载，用 3 个单相功率表测量，测量电路如图 1 – 50 所示，3 个单相功率表的读数为 W_1、W_2、W_3，则三相功率 $P = W_1 + W_2 + W_3$。

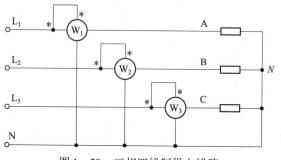

图 1 – 50　三相四线制供电线路

这种测量方法称为三功率表法。对于三相对称负载，用一个单相功率表测量即可，若功率表的读数为 W，则三相功率 $P = 3W$，称为一功率表法。

2. 三相三线制供电

三相三线制供电系统中，不论三相负载是否对称，也不论负载是 Y 接还是 △ 接，都可用二功率表法测量三相负载的有功功率。测量电路如图 1 – 51 所示，若两个功率表的读数为 W_1、W_2，则三相功率

$$P = W_1 + W_2 = U_L I_L \cos(30° - \varphi) + U_L I_L \cos(30° + \varphi)$$

式中，φ 为负载的阻抗角（即功率因数角），两个功率表的读数与 φ 有下列关系：

（1）当负载为纯电阻时，$\varphi = 0$，$W_1 = W_2$，即两个功率

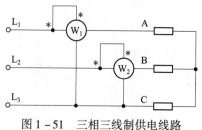

图 1 – 51　三相三线制供电线路

表读数相等；

（2）当负载功率因数 $\cos\varphi = 0.5$，$\varphi = \pm 60°$ 时，有一个功率表的读数为零；

（3）当负载功率因数 $\cos\varphi < 0.5$，$|\varphi| > 60°$ 时，有一个功率表的读数为负值，该功率表指针将反方向偏转。对于指针式功率表，应将功率表电流线圈的两个端子调换（不能调换电压线圈端子），而读数应记为负值。而对于数字式功率表，将出现负读数。

3. 测量三相对称负载的无功功率

对于三相三线制供电的三相对称负载，可用一功率表法测得三相负载的总无功功率 Q，测试电路如图 1-52 所示。功率表读数 $W = U_L I_L \sin\varphi$，其中 φ 为负载的阻抗角，则三相负载的无功功率 $Q = \sqrt{3}W$。

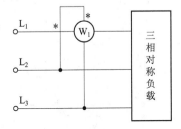

图 1-52　三相三线制供电测试电路

三、实验设备

（1）交流电压表、交流电流表、功率表；

（2）三相调压输出电源；

（3）白炽灯、电阻、导线若干。

四、实验内容

（1）三相四线制供电，测量负载按星形连接（即 Y_0 接法）时的三相功率。

用一功率表法测定三相对称负载功率，实验电路如图 1-53 所示，线路中的电流表和电压表用以监视三相电流和电压，不要超过功率表电压和电流的量程。经指导教师检查后，接通三相电源开关，将调压器的输出由 0 调到 220 V（线电压），按表 1-35 的要求进行测量及计算，将数据记入表中。

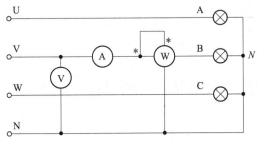

图 1-53　三相四线制供电测量电路

用三功率表法测定三相不对称负载功率，本实验用一个功率表分别测量每相功率，实验电路如图 1-53 所示，步骤与（1）相同，将数据记入表 1-35 中。

表 1-35　三相四线制负载星形连接实验数据

负载情况	开灯盏数			测量数据			计算值
	A 相	B 相	C 相	P_A/W	P_B/W	P_C/W	P/W
Y_0 接法、对称负载	1	1	1				
Y_0 接法、不对称负载	1	2	1				

（2）三相三线制供电,测量三相负载功率。

用二功率表法测量三相负载功率的实验电路,如图1-54(a)所示,图中三相灯组负载按图1-54(b)所示的Y接法连接。经指导教师检查后,接通三相电源,调节三相调压器的输出,使线电压为220 V,按表1-36的内容进行测量并计算,将数据记入表1-36中。

将三相灯组负载改成△接法,如图1-54(c)所示,重复(1)的测量步骤,并将数据记入表1-36中。

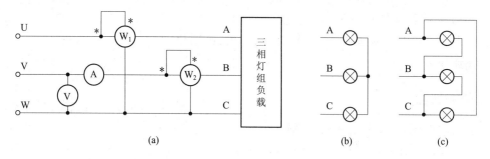

图1-54　三相三线制供电测量电路

（a）测量电路;（b）Y接法;（c）△接法

表1-36　三相三线制三相负载功率实验数据

负载情况	开灯盏数			测量数据		计算值
	A相	B相	C相	W_1/W	W_2/W	P/W
Y接法、对称负载	1	1	1			
Y接法、不对称负载	1	2	1			
△接法、不对称负载	1	2	1			
△接法、对称负载	1	1	1			

五、注意事项

每次实验完毕,均须将三相调压器旋钮调回零位。如改变接线,则须断开三相电源,以确保人身安全。

六、思考题

（1）复习二功率表法测量三相电路有功功率的原理。

（2）复习一功率表法测量三相对称负载无功功率的原理。

（3）测量功率时,为什么在线路中常接有电流表和电压表?

七、实验报告

1. 整理并计算表1-35和表1-36的数据,并和理论计算值相比较;

2. 总结和分析三相电路功率测量的方法。

单相电度表的校验

一、实验目的

（1）了解电度表的工作原理,掌握电度表的接线和使用方法。

（2）学会测定电度表技术参数和校验的方法。

二、实验原理

电度表是一种感应式仪表,工作原理是,交变磁场在金属中产生感应电流,从而产生转矩。电度表主要用于测量交流电路中的电能。

1. 电度表的结构和原理

电度表主要由驱动装置、转动铝盘、制动永久磁铁和指示器等部分组成。

1）驱动装置和转动铝盘

驱动装置有电压铁芯线圈和电流铁芯线圈,在空间上、下排列,中间隔以铝制的圆盘。驱动两个铁芯线圈的交流电,建立起合成的交变磁场,交变磁场穿过铝盘,在铝盘上产生感应电流,该电流与磁场相互作用,产生转动力矩驱使铝盘转动。

2）制动永久磁铁

铝盘上方装有一个永久磁铁,其作用是对转动的铝盘产生制动力矩,使铝盘转速与负载功率成正比。因此,在某一测量时间内,负载所消耗的电能 W 就与铝盘的转数 n 成正比。

3）指示器

电度表的指示器不能像其他指示仪表的指针一样停留在某一位置,而应能随着电能的不断增大（也就是随着时间的延续）而连续地转动,这样才能随时反映出电能积累的数值。因此,它将转动铝盘的转数通过齿轮传动机构换算为被测电能的数值,由一系列齿轮上的数字直接指示出来。

2. 电度表的技术指标

1）电度表常数

铝盘的转数 n 与负载消耗的电能 W 成正比,即

$$N = \frac{n}{W}$$

式中,比例系数 N 称为电度表常数,常在电度表上标明,其单位是 $r/(kW \cdot h)$。

2）电度表灵敏度

在额定电压、额定频率及 $\cos\varphi = 1$ 的条件下,负载电流从零开始增大,测出铝盘开始转动的最小电流值 $I_{\min}$,则仪表的灵敏度表示为

$$S = \frac{I_{\min}}{I_{\mathrm{N}}} \times 100\%$$

式中,I_{N} 为电度表的额定电流。

3）电度表的潜动

当负载等于零时电度表仍出现缓慢转动的情况,这种现象称为潜动。按照规定,在无负载电流的情况下,当外加电压为电度表额定电压的110%（242 V）时,观察铝盘的转动是否超过一周,若超过一周,则判为潜动不合格。

本实验使用220 V、3 A(5 A)的电度表,接线如图1－55所示,绿、红两端为电流线圈,黄、蓝两端为电压线圈。

图1－55　电度表接线

三、实验设备

（1）交流电压表、交流电流表、电度表和功率表;

（2）三相调压器(输出可调交流电压);

（3）白炽灯、电位器、电阻、导线若干;

（4）秒表。

四、实验内容

1. 记录被校验电度表的额定数据和技术指标

额定电流 $I_{\mathrm{N}} =$ ____,额定电压 $U_{\mathrm{N}} =$ ____,电度表常数 $N =$ ____。

2. 用功率表、秒表法校验电度表常数

按图1－56所示电路接线,电度表的接线与功率表相同,其电流线圈与负载串联,电压线圈与负载并联。线路经指导教师检查后,方可接通电源。将调压器的输出电压调到220 V,按表1－37的要求接通灯组负载,用秒表定时记录电度表铝盘的转数,并记录各表的读数。为了保证计算圈数的准确性,可将电度表铝盘上的一小段红色标记刚出现(或刚结束)时作为秒表计时的开始。此外,为了能记录整数转数,可先预定好转数,待电度表铝盘刚转完此转数时,即作为秒表测定时间的终点,将所有数据记入表1－37中。

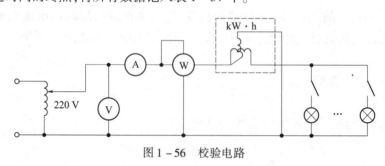

图1－56　校验电路

为了准确和熟悉,建议多做几次。

表 1-37 校验电度表准确度实验数据

负载情况 (40 W 白炽灯盏数)	测量值				计算值			
	U/V	I/A	P/W	时间/s	转数 n	实测电能 $W/(kW \cdot h)$	计算电能 $W/(kW \cdot h)$	$\Delta W/W$	电度表常数 N
6								
8								

3. 检查灵敏度

电度表铝盘刚开始转动的电流往往很小,通常只有 $0.5\% I_N$,故将图 1-56 中的灯组负载拆除,用 3 个电阻(10 kΩ/3 W 电位器、5.1 kΩ/8 W 电阻和 10 kΩ/8 W 电阻)相串联作为负载,调节 10 kΩ/3 W 电位器,记下使电度表铝盘刚开始转动的最小电流值 I_{min},然后通过计算求出电度表的灵敏度。

4. 检查电度表潜动是否合格

切断负载,即断开电度表的电流线圈回路,调节调压器的输出电压为额定电压的110%(即 242 V),仔细观察电度表的铝盘是否转动,一般允许有缓慢地转动,但应不超过一周,这样,电度表的潜动则为合格,反之则不合格。

五、注意事项

(1)本实验台配有一只电度表,采用挂件式结构,实验时,只要将电度表挂在板图指定的位置即可。实验完毕,拆除线路后取下电度表。

(2)记录时,同组同学要密切配合,秒表定时和读取转数步调要一致,以确保测量的准确性。

(3)注意功率表和电度表的接线是否正确。

六、思考题

(1)了解电度表的结构、工作原理和接线方法。

(2)电度表有哪些技术指标?如何测定?

七、实验报告

(1)整理实验数据,计算出电度表的各项技术指标;

(2)对被校电度表的各项技术指标作出评价。

电机与拖动基础实验

实验一

电机认识实验

一、实验目的

(1) 学习电机实验的基本要求与安全操作注意事项。

(2) 认识在直流电机实验中所用的电机、仪表、变阻器等组件,并学习其使用方法。

(3) 熟悉他励电动机(即并励电动机按他励方式)的接线、启动、改变电动机方向与调速的方法。

二、预习要点

(1) 如何正确选择使用仪器仪表,特别是电压表、电流表的量程?

(2) 直流他励电动机启动时,为什么在电枢回路中需要串联起动变阻器?不连接会产生什么严重后果?

(3) 直流电动机启动时,励磁回路连接的磁场变阻器应调至什么位置?为什么?若励磁回路断开造成失磁时,会产生什么严重后果?

(4) 直流电动机调速及改变转向的方法。

三、实验项目

(1) 了解教学实验台中的直流稳压电源、变阻器、多量程直流电压表、电流表、毫安表及直流电动机的使用方法。

(2) 用伏安法测直流电动机和直流发电机的电枢绕组的冷态电阻。

(3) 直流他励电动机的启动、调速及改变转向。

四、实验设备

(1) 实验台主控制屏;

(2) 转速、转矩、功率显示;

（3）电机导轨；

（4）直流电机仪表、电源（位于实验台主控制屏的下部）；

（5）电机启动箱；

（6）直流电压表、直流毫安表、直流安培表；

（7）直流电动机 M03。

五、实验内容

1. 实验说明

由实验指导人员讲解电机实验的基本要求、实验台各面板的布置、使用方法及注意事项。

2. 用伏安法测电枢的相电阻

电路接线如图 2-1 所示，电路中各元件说明如下。

U：可调直流稳压电源；

R：磁场调节电阻，3 000 Ω；

V：直流电压表；

A：直流安培表；

M：直流电动机电枢。

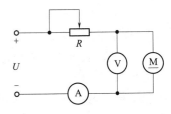

图 2-1 测量电枢绕组的
相电阻电路

（1）经检查接线无误后，逆时针调节磁场调节电阻 R 至最大。直流电压表量程选为 300 V 挡，直流安培表量程选为 2 A 挡。

（2）依次按下主控制屏绿色闭合按钮开关，按下直流稳压电源的船形开关以及复位开关，建立直流电源，并调节直流稳压电源至 220 V 输出。

调节磁场调节电阻 R 使电枢电流达到 0.2 A（如果电流太大，可能由于剩磁的作用使电动机旋转，测量无法进行；如果此时电流太小，可能由于接触电阻产生较大的误差），迅速测取电动机电枢两端电压 U_M 和电流 I_A。将电动机转子分别旋转三分之一周和三分之二周，同样测取 U_M、I_A，填入表 2-1 中。

（3）增大磁场调节电阻 R（逆时针旋转）使电流分别达到 0.15 A 和 0.1 A，用上述方法测取 6 组数据，填入表 2-1 中。

取 3 次测量的平均值作为实际冷态电阻值，例如，$R_{A1} = \dfrac{R_{A11} + R_{A12} + R_{A13}}{3}$。

表 2-1 伏安法测电枢的相电阻实验数据（室温为 _____ ℃）

序号	U_M/V	I_A/A	R/Ω		$R_{A平均}$/Ω		R_{Aref}/Ω
1			R_{A11}		R_{A1}		
			R_{A12}				
			R_{A13}				
2			R_{A21}		R_{A2}		
			R_{A22}				
			R_{A23}				
3			R_{A31}		R_{A3}		
			R_{A32}				
			R_{A33}				

表中 $R_{A1} = (R_{A11} + R_{A12} + R_{A13})/3$；

$\quad\quad R_{A2} = (R_{A21} + R_{A22} + R_{A23})/3$；

$\quad\quad R_{A3} = (R_{A31} + R_{A32} + R_{A33})/3$。

（4）计算基准工作温度时的电枢电阻。由实验测得电枢绕组电阻值,此值为实际冷态电阻值,冷态温度为室温。按下式换算到基准工作温度时的电枢绕组电阻值,为

$$R_{Aref} = R_A \frac{235 + \theta_{ref}}{235 + \theta_A}$$

式中 R_{Aref}——换算到基准工作温度时电枢绕组电阻(Ω)；

$\quad\quad R_A$——电枢绕组的实际冷态电阻(Ω)；

$\quad\quad \theta_{ref}$——基准工作温度($^\circ\!C$),对于 E 级绝缘为 75 $^\circ\!C$；

$\quad\quad \theta_A$——实际冷态时电枢绕组的温度($^\circ\!C$)；

3. 直流仪表、转速表和变阻器的选择

直流仪表、转速表量程根据电动机的额定值和实验中可能达到的最大值来选择,变阻器根据实验要求来选用,并按电流的大小选择串联、并联或串并联的接法。

（1）电压量程的选择。如测量电动机两端为 220 V 的直流电压,则选用直流电压表量程为 300 V 挡。

（2）电流量程的选择。因为直流并励电动机的额定电流为 1.1 A,故测量电枢电流的安培表量程可选用 2 A 挡；额定励磁电流小于 0.16 A,测量励磁电流的毫安表量程选用 200 mA 挡。

（3）变阻器规格的选择。变阻器规格根据实验中所需的阻值和流过变阻器最大的电流来确定。在本实验中,电枢回路调节电阻选用 100 Ω/1.22 A 电阻,磁场回路调节选用 3 000 Ω/200 mA 可调电阻。

4. 直流电动机的启动

（1）按图 2－2 接线,检查电动机励磁回路接线是否牢靠,仪表的量程、极性是否选择正确,电路中各元件说明如下。

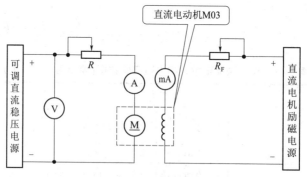

图 2－2　直流他励电动机实验电路

R:电动机电枢调节电阻；

R_F:磁场调节电阻；

M:直流并励电动机 M03；

V:可调直流稳压电源自带的电压表；

A:可调直流稳压电源自带的安培表；

mA:毫安表,位于直流电动机励磁电源部分。

(2)将电动机电枢调节电阻 R 调至最大、磁场调节电阻 R_F 调至最小。

(3)合上控制屏的漏电保护器,依次按下绿色闭合按钮开关,打开励磁电源船形开关和可调直流电源船形开关,按下复位按钮。此时,直流电源的绿色工作发光二极管被点亮,指示直流电压已建立,旋转电压调节电位器,使可调直流稳压电源输出 220 V 电压。

(4)将电动机电枢调节电阻 R 调至最小。

5.调节他励电动机的转速

分别改变电动机 M 电枢调节电阻 R 和磁场调节电阻 R_F 的值,观察以上两种情况下转速的变化。

6.改变电动机的转向

将电动机电枢调节电阻 R 调至最大,先断开可调直流电源的船形开关,再断开励磁电源的开关,使他励电动机停机。将电枢或励磁回路的两端接线对调后,再按前述步骤启动电动机,观察电动机的转向及转速表的读数。

六、注意事项

(1)直流他励电动机启动时,须将励磁回路中串联的磁场调节电阻 R_F 调到最小。先接通励磁电源,使励磁电流最大,同时必须将电动机电枢调节电阻 R 调至最大,然后方可接通电源,令电动机正常启动。启动后,将电动机电枢调节电阻 R 调至最小,使电动机正常工作。

(2)直流他励电动机停机时,必须先切断电枢电源,然后断开励磁电源。同时,必须将电动机电枢调节电阻 R 调回最大,励磁回路中串联的磁场调节电阻 R_F 调到最小,为下次启动做好准备。

(3)测量前注意仪表的量程及极性接法。

七、实验报告

(1)画出直流他励电动机启动接线图。电动机启动时,电动机电枢调节电阻 R 和磁场调节电阻 R_F 应调到什么位置？为什么？

(2)增大电枢回路的调节电阻,电动机的转速如何变化？增大励磁回路的调节电阻,转速又如何变化？

(3)用什么方法可以改变直流电动机的转向？

(4)为什么要求直流他励电动机磁场回路的接线要牢靠？

实验二

<hr>

直流发电机(他励、并励、复励)

一、实验目的

(1) 掌握用实验方法测定直流发电机运行特性的步骤,并根据所测得的运行特性评定该被测发电机的有关性能。

(2) 通过实验观察并励发电机的自励过程和自励条件。

二、预习要点

(1) 什么是发电机的运行特性?对于不同的特性曲线,在实验中哪些物理量应保持不变?哪些物理量应测取?

(2) 做空载实验时,为什么必须单方向调节励磁电流?

(3) 并励发电机的自励条件有哪些?当发电机不能自励时应如何处理?

(4) 如何确定复励发电机是积复励还是差复励?

三、实验项目

1. 他励发电机

(1) 空载特性:保持 $n = n_N$,使 $I = 0$,测取 $U_0 = f(I_F)$。

(2) 外特性:保持 $n = n_N$,使 $I_F = I_{FN}$,测取 $U = f(I)$。

(3) 调节特性:保持 $n = n_N$,使 $U = U_N$,测取 $I_F = f(I)$。

2. 并励发电机

(1) 观察自励过程。

(2) 测外特性:保持 $n = n_N$,使 $R_{F2} = $ 常数,测取 $U = f(I)$。

3. 复励发电机

积复励发电机外特性:保持 $n = n_N$,使 $R_F = $ 常数,测取 $U = f(I)$。

四、实验设备

(1) 实验台主控制屏;

(2) 电机导轨;

(3) 直流电机仪表、电源;

（4）电动机启动箱；

（5）直流电压表、直流毫安表、直流安培表；

（6）旋转指示灯及开关板；

（7）三相可调电阻 1 800 Ω；

（8）转速、转矩、功率测量；

（9）直流电动机 M03；

（10）直流发电机 M01。

五、实验内容

1. 直流他励发电机

按图 2 – 3 所示电路接线，各元件说明如下。

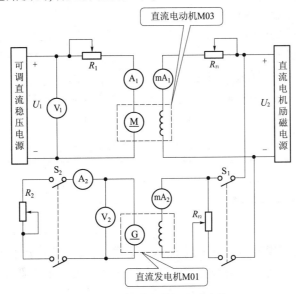

图 2 – 3　他励发电机实验电路

M：直流电动机 M03，按他励接法；

G：直流发电机 M01，$P_N = 100$ W，$U_N = 200$ V，$I_N = 0.5$ A，$N_N = 1\,600$ r/min；

S_1、S_2：双刀双掷开关；

R_1：电动机电枢调节电阻 100 Ω/1.22 A；

R_{F1}：电动机磁场调节电阻 3 000 Ω/200 mA；

R_{F2}：发电机磁场调节电阻，采用 900 Ω 变阻器，并采用分压接法。

R_2：发电机负载电阻，采用串并联接法，阻值为 2 250 Ω（900 Ω 与 900 Ω 电阻串联加上 900 Ω 与 900 Ω 并联）。调节时先调节串联部分，当负载电流大于 0.4 A 时使用并联部分，并将串联部分阻值调到最小，再用导线短接以避免烧毁熔断器。

mA_1、A_1：直流毫安表和直流安培表；

U_1、U_2：可调直流稳压电源、直流电机励磁电源；

V_1、V_2：直流电压表（量程为 300 V 挡）；

mA_2、A_2：直流毫安表(量程为 200 mA 挡)和直流安培表(量程为 2 A 挡)。

1) 空载特性

(1) 打开发电机负载开关 S_2，合上励磁电源开关 S_1，接通直流电机励磁电源，调节 R_{F2}，使直流发电机励磁电压最小(即 V_2 读数最小)、mA_2 读数最小。此时，注意选择各仪表的量程。

(2) 调节电动机电枢调节电阻 R_1 至最大、磁场调节电阻 R_{F1} 至最小，启动可调直流稳压电源(先合上对应的船形开关，再按下复位按钮，此时，绿色工作发光二极管被点亮，表明直流电压已正常建立)，使电动机旋转。

(3) 从数字转速表上观察电动机旋转方向。若电动机反转，可先停机，再将电枢或励磁两端接线对调，重新启动，则电动机转向应符合正向旋转的要求。

(4) 调节电动机电枢调节电阻 R_1 至最小值，可调直流稳压电源调至 220 V(V_1 读数)，再调节电动机磁场调节电阻 R_{F1}，使电动机(发电机)转速达到 1 600 r/min(额定)，并在以后整个实验过程中始终保持此额定转速不变。

(5) 调节发电机磁场电阻 R_{F2}，使发电机空载电压达 $U_0 = 1.2U_N$(240 V)为止。

(6) 在保持电动机额定转速(1 600 r/min)条件下，从 $U_0 = 1.2U_N$ 开始，单方向调节发电机磁场调节电阻 R_{F2}，使发电机励磁电流逐渐减小，直至 $I_{F2} = 0$。

每次测取发电机的空载电压 U_0 和励磁电流 I_{F2}，取 7～8 组数据，填入表 2-2 中，其中 $U_0 = U_N$ 和 $I_{F2} = 0$ 两点必测，且 $U_0 = U_N$ 附近的测点应较密。

表 2-2　直流他励发电机空载特性实验数据($n = n_N = 1$ 600 r/min)

U_0/V								
I_{F2}/A								

2) 外特性

(1) 空载实验后，把发电机负载电阻 R_2 调到最大值，合上负载开关 S_2。

(2) 同时调节电动机电枢调节电阻 R_{F1} 及发电机磁场调节电阻 R_{F2} 和负载电阻 R_2，使发电机的 $n = n_N$，$U = U_N$(200 V)，$I = I_N$(0.5 A)，该点则为发电机的额定运行点，其励磁电流 $I_{F2N} = \underline{\quad}$ A 称为额定励磁电流.

(3) 在保持 $n = n_N$ 和 $I_{F2} = I_{F2N}$ 不变的条件下，逐渐调高负载电阻阻值，即减小发电机负载电流。在额定负载到空载运行点范围内，每次测取发电机的电压 U 和电流 I，直到空载(断开开关 S_2)，共取 6～7 组数据，填入表 2-3 中，其中额定负载和空载两点必测。

表 2-3　直流他励发电机外特性实验数据($n = n_N = 1$ 600 r/min，　$I_{F2} = I_{F2N}$)

U/V								
I/A								

3) 调节特性

(1) 断开发电机负载开关 S_2，调节发电机磁场调节电阻 R_{F2}，使发电机空载电压达到额定值($U_N = 200$ V)

(2) 在保持发电机 $n = n_N$ 的条件下，合上负载开关 S_2，调节发电机负载电阻 R_2，逐次增加发电机输出电流 I，同时相应调节发电机励磁电流 I_{F2}，使发电机端电压保持额定值 $U = U_N$，从发电机的空载至额定负载范围内多次测取发电机的输出电流 I 和励磁电流 I_{F2},共取 5~6 组数据填入表 2-4 中。

表 2-4　直流他励发电机空载特性实验数据($n = n_N = 1\ 600\ r/min$,　$U = U_N = 200\ V$)　　A

I							
I_{F2}							

2. 直流并励发电机

1）观察自励过程

（1）断开主控制屏电源开关,即按下红色按钮。

按如图 2-4 所示电路接线,电路中各元件说明如下。

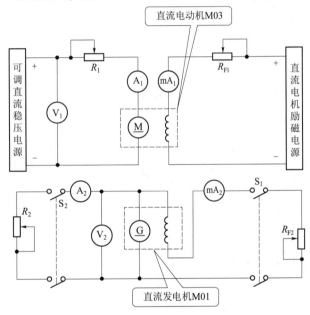

图 2-4　直流并励发电机实验电路

R_1、R_{F1}:电动机电枢调节电阻和磁场调节电阻;

A_1、mA_1:直流安培表、直流毫安表,位于可调直流稳压电源和直流电机励磁电源上;

mA_2、A_2:直流毫安表、直流安培表;

R_{F2}:发电机磁场调节电阻,两只 900 Ω 电阻相串联,并调至最大;

R_2:发电机负载电阻,采用串并联接法,阻值为 2 250 Ω;

S_1、S_2:双刀双掷开关;

V_1、V_2:直流电压表。

（2）断开 S_1、S_2,按前述方法(直流他励发电机空载特性实验)起动电动机,调节电动机转速,使发电机的转速 $n = n_N$。用直流电压表测量发电机是否有剩磁电压,若无剩磁电压,可将并励绕组改接他励进行充磁。

（3）合上开关 S_1,逐渐减小 R_{F2},观察电动机电枢两端电压,若电压逐渐上升,说明满足自励条件,如果不能自励建压,则将励磁回路的两个端头对调连接即可。

2)外特性

(1)在并励发电机电压建立后,调节发电机负载电阻 R_2 到最大,合上负载开关 S_2,调节电动机磁场调节电阻 R_{F1}、发电机磁场调节电阻 R_{F2} 和负载电阻 R_2,使发电机 $n = n_N$,$U = U_N$,$I = I_N$。

(2)保证 R_{F2} 的值和 $n = n_N$ 不变,逐步减小负载,直至 $I = 0$,从额定负载到空载运行范围内,多次测取发电机的电压 U 和电流 I,共取 6 ~ 7 组数据,填入表 2 – 5 中,其中额定负载和空载两点必测。

表 2 – 5　直流并励发电机外特性实验数据($n = n_N = 1\,600$ r/min,　$R_{F2} = $ _____ Ω)

U/V							
I/A							

3. 直流复励发电机

1)积复励和差复励的判别

(1)接线如图 2 – 5 所示,电路中各元件说明如下。

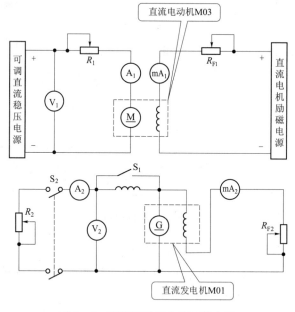

图 2 – 5　直流复励发电机实验电路

R_1、R_{F1}:电动机电枢调节电阻和磁场调节电阻;

A_1、mA_1:直流安培表、直流毫安表;

V_1、V_2、A_2、mA_2:直流电压表、直流安培表、直流毫安表;

R_{F2}:发电机磁场调节电阻,采用两只 900 Ω 电阻串联;

R_2:发电机负载电阻,采用 4 只 900 Ω 电阻串并联接法,最大值为 2 250 Ω;

S_1、S_2:单刀单掷和双刀双掷开关。

先合上开关 S_1，将串励绕组短路，使发电机处于并励状态运行，按上述直流并励发电机外特性实验步骤，调节发电机输出电流 $I = 0.5I_N$，$n = n_N$，$U = U_N$。

（2）打开短路开关 S_1，在保持发电机 n、R_{F2} 和 R_2 不变的条件下，观察发电机端电压的变化，若此电压升高即为积复励，若电压下降则为差复励。如要把差复励改为积复励，则对调串励绕组接线即可。

2）直流积复励发电机的外特性

实验步骤与测取直流并励发电机的外特性相同。先将发电机调到额定运行点，$n = n_N$，$U = U_N$，$I = I_N$，在保持此时的 R_{F2} 和 $n = n_N$ 不变的条件下，逐次减小发电机负载电流，直至 $I = 0$。从额定负载到空载范围内，多次测取发电机的电压 U 和电流 I，共取 6～7 组数据，记录于表 2-6 中，其中额定负载和空载两点必测。

表 2-6 直流积复励发电机外特性实验数据（$n = n_N = $ ____ r/min，$R_{F2} = $ 常数）

U/V							
I/A							

六、注意事项

（1）启动直流电动机时，先把 R_1 调到最大、R_{F2} 调到最小，启动完毕后，再把 R_1 调到最小。

（2）做外特性实验，当电流超过 0.4 A 时，R_2 中串联的电阻必须调至零，以免损坏。

七、思考题

（1）直流并励发电机不能建立电压的原因有哪些？

（2）在发电机-电动机组成的机组中，当发电机负载增加时，为什么机组的转速会降低？为了保持发电机的转速 $n = n_N$，应如何调节？

八、实验报告

（1）根据空载实验数据，作出空载特性曲线，由空载特性曲线计算出被测电机的饱和系数和剩磁电压的百分数。

（2）在同一组坐标上绘出直流他励、直流并励和直流复励发电机的 3 条外特性曲线，分别算出 3 种励磁方式的电压变化率，即

$$\Delta U = \frac{U_0 - U_N}{U_N} \times 100\%$$

并分析差异的原因。

（3）绘出直流他励发电机调整特性曲线，分析在发电机转速不变的条件下，为什么负载增加时，要保持端电压不变？分析必须增加励磁电流的原因。

实验三

直流并励电动机

一、实验目的

(1) 掌握用实验方法测取直流并励电动机工作特性和机械特性的方法。

(2) 掌握直流并励电动机的调速方法。

二、预习要点

(1) 什么是直流并励电动机的工作特性和机械特性？

(2) 直流并励电动机的调速原理是什么？

三、实验项目

1. 直流并励电动机的工作特性和机械特性

保持 $U = U_N$ 和 $I_F = I_{FN}$ 不变，测取 n、T_2、$n = f(I_A)$ 及 $n = f(T_2)$。

2. 直流并励电动机的调速特性

1) 改变电枢电压的调速

保持 $U = U_N$，$I_F = I_{FN}$ = 常数，T_2 = 常数，测取 $n = f(U_A)$。

2) 改变励磁电流的调速

保持 $U = U_N$，T_2 = 常数，$R_1 = 0$，测取 $n = f(I_F)$。

3) 观察能耗制动过程

四、实验设备

(1) 实验台主控制屏；

(2) 电机导轨；

(3) 直流电机仪表、电源；

(4) 电机启动箱；

(5) 直流电压表、直流毫安表、直流安培表；

(6) 旋转指示灯及开关板；

(7) 三相可调电阻 1 800 Ω；

(8) 转速、转矩、功率测量；

(9) 直流电动机 M03；

（10）直流发电机 M01（作校正直流测功机）。

五、实验内容

1. 直流并励电动机的工作特性和机械特性

实验电路如图 2-6 所示,各元件说明如下。

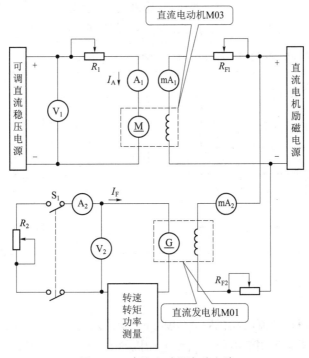

图 2-6　直流电动机实验电路

G:直流发电机 M01,$P_N = 100$ W,$U_N = 200$ V,$I_N = 0.5$ A,$N_N = 1\,600$ r/min;

M:直流电动机 M03,按他励接法;

S_1:双刀双掷开关;

R_1:电动机电枢调节电阻 100 Ω/1.22 A;

R_{F1}:电动机磁场调节电阻 3 000 Ω/200 mA;

R_{F2}:发电机磁场调节电器,采用 900 Ω 变阻器,并采用分压接法;

R_2:发电机负载电阻,采用串并联接法,阻值为 2 250 Ω(900 Ω 与 900 Ω 电阻串联加上 900 Ω 与 900 Ω 并联)。调节时先调节串联部分,当负载电流大于 0.4 A 时,用并联部分,并将串联部分阻值调到最小,再用导线短接以避免烧毁熔断器;

mA_1、A_1:直流毫安表和直流安培表;

V_1、V_2、:直流电压表(量程为 300 V 挡);

mA_2、A_2:直流毫安表(量程为 200 mA 挡)和直流安培表(量程为 2 A 挡)。

（1）将 R_1 调至最大、R_{F1} 调至最小,毫安表量程为 200 mA,安培表量程为 2 A 挡,电压表量程为 300 V 挡。打开船形开关,按实验一的方法启动直流电源,使电动机旋转,并调整电动机的旋转方向,使电动机正转。

（2）直流电动机正常启动后,将电动机电枢调节电阻 R_1 调至零,合上开关 S_1,调节可调直流稳压电源的输出(V_1 读数)至 220 V,再分别调节磁场调节电阻 R_{F2} 和发电机负载电阻 R_2(保持发电机的励磁电流不变,使 $mA_2 = 130$ mA),使电动机达到额定值,即 $U = U_N = 220$ V, I_1(mA_1)$= I_N = 0.5$ A, $n = n_N = 1\ 600$ r/min,此时直流发电机的励磁电流 $I_F = I_{FN}$(额定励磁电流)。

（3）保持 $U = U_N$, $I_F = I_{FN}$ 不变,逐次减小电动机的负载,即调节发电机负载电阻 R_2,测取电动机电枢电流 I_A、转速 n 和输出转矩 T_2,共取 7 ~ 8 组数据填入表 2 – 7 中。

表 2 – 7　直流并励电动机实验数据($U = U_N = 220$ V,　$I_F = I_{FN} =$ _____ A,　$R_A =$ ____ Ω)

实验数据	I_A/A							
	$n/(r \cdot m^{-1})$							
	$T_2/(N \cdot m)$							
计算数据	P_2/W							
	P_1/W							
	$\eta/\%$							
	$\Delta n/\%$							

2. 直流并励电动机的调速特性

1）改变电枢端电压的调速

（1）按上述方法启动直流电动机后,将电阻 R_1 调至零,并同时调节发电机负载电阻 R_2、电动机电枢电压和电动机磁场调节电阻 R_{F1},使电动机的 $U = U_N$, $I_A = 0.5I_N$, $I_F = I_{FN}$,记录此时的 $T_2 =$ _____ N·m。

（2）保持 T_2 和 $I_F = I_{FN}$ 不变,逐次增加 R_1 的阻值,即降低电动机端电压 U_A, R_1 从零调至最大值,每次测取电动机的端电压 U_A、转速 n 和电枢电流 I_A,共取 7 ~ 8 组数据填入表 2 – 8 中。

表 2 – 8　直流并励电动机调速特性实验数据(一) ($I_F = I_{FN} =$ _____ A,　$T_2 =$ _____ N·m)

U_A/V								
$n/(r \cdot min^{-1})$								
I_A/A								

2）改变励磁电流的调速

（1）直流电动机启动后,将电动机电枢调节电阻和电动机磁场调节电阻 R_{F1} 调至零,调节可调直流稳定电源的输出为 220 V 及发电机负载电阻 R_2,使电动机的 $U = U_N$, $I_A = 0.5I_N$,记录此时的 $T_2 =$ _____ N·m。

（2）保持 T_2 和 $U = U_N$ 不变,逐次增加电动机磁场电阻 R_{F1} 的值,直至 $n = 1.3n_N$,每次测取电动机的 n、I_F 和 I_A,共取 7 ~ 8 组数据填入表 2 – 9 中。

表 2 - 9　直流并励电动机调速特性实验数据（二）（$U = U_N = 220$ V，$T_2 = $ _____ N·m）

$n/(\text{r} \cdot \text{min}^{-1})$								
I_F/A								
I_A/A								

3）观察能耗制动过程

按如图 2 - 7 所示电路接线，电路中各元件说明如下。

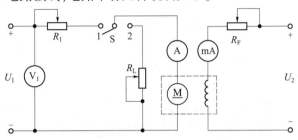

图 2 - 7　直流并励电动机能耗制动实验电路

U_1、U_2：可调直流稳压电源；

R_1、R_F：直流电动机电枢调节电阻和磁场调节电阻；

R_L：电动机制动电阻，采用两只 900 Ω 电阻并联；

S：单刀双掷开关。

（1）将开关 S 合向 1 端，R_1 调至最大，R_F 调至最小，启动直流电动机。

（2）运行正常后，从电动机电枢的一端拨出一根导线，使电枢开路，电动机处于自由停机状态，记录停机时间。

（3）重复启动电动机，待运转正常后，把 S 合向 2 端，记录停机时间。

（4）选择不同 R_L 阻值，观察对停机时间的影响。

六、思考题

（1）并励电动机的速率特性 $n = f(I_A)$ 为什么是略微下降？是否会出现上翘现象？为什么？上翘的速率特性对电动机运行有何影响？

（2）当电动机的输出转矩和励磁电流不变时，减小电枢两端电压为什么会引起电动机转速降低？

（3）当电动机的输出转矩和电枢两端电压不变时，减小励磁电流为什么会引起转速的升高？

（4）并励电动机在带负载运行中，当磁场回路断开时，是否一定会出现"飞速"现象？为什么？

七、实验报告

（1）由表 2 - 7 计算出 P_2 和 η，并绘出 $n = f(I_A)$ 及 $n = f(T_2)$ 的特性曲线。

电动机输出功率为

$$P_2 = 0.105 n T_2$$

式中,输出转矩 T_2 的单位为 N·m;转速 n 的单位为 r/min。

电动机输入电流为

$$I = I_A + I_{FN}$$

电动机输入功率为

$$P_1 = UI$$

电动机效率为

$$\eta = \frac{P_2}{P_1} \times 100\%$$

由工作特性求出转速变化率为

$$\Delta n = \frac{n - n_N}{n_N} \times 100\%$$

(2)绘出并励电动机调速特性曲线 $n = f(U_A)$ 和 $n = f(I_F)$。分析在恒转矩负载时,两种调速的电枢电流变化规律以及两种调速方法的优缺点。

(3)能耗制动时间与电动机制动电阻 R_L 的阻值有什么关系?为什么?该制动方法有什么缺点?

单相变压器

一、实验目的

(1) 通过空载实验和短路实验测定变压器的变比和参数。
(2) 通过负载实验测取变压器的运行特性。

二、预习要点

(1) 变压器的空载实验和短路实验各有什么特点？实验中电源电压一般加在哪一方较为合适？
(2) 在空载实验和短路实验中,各种仪表应怎样连接才能使测量误差最小？
(3) 如何用实验方法测定变压器的铁耗及铜耗？

三、实验项目

1. 空载实验

测定空载特性所用公式为：$U_0 = f(I_0)$、$P_0 = f(U_0)$。

2. 短路实验

测定短路特性所用公式为：$U_K = f(I_K)$、$P_K = f(I)$。

3. 负载实验

在保持 $U_1 = U_{1N}$、$\cos\varphi_2 = 1$ 的条件下,测取 $U_2 = f(I_2)$。

四、实验设备

(1) 交流电压表、交流电流表、功率、功率因数表；
(2) 三相可调电阻器 900 Ω；
(3) 旋转指示灯及开关板；
(4) 单相变压器。

五、实验内容

1. 空载实验

实验电路如图 2 – 8 所示,变压器 T 选用单独的组式变压器。实验时,变压器低压线圈 2U1、

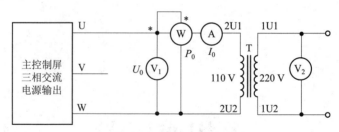

图 2-8 空载实验电路

2U2 接电源,高压线圈 1U1、1U2 开路。A 为交流电流表。V_1 和 V_2 为交流电压表,用其中一只电压表交替观察变压器的原、副边电压值。W 为功率表,需注意电压线圈和电流线圈的同名端,避免接错。

(1) 在三相交流电源断电的条件下,将调压器旋钮逆时针方向旋转到底,并合理选择各仪表量程。对于变压器 T 的参数值为:$U_{1N}/U_{2N} = 220$ V/110 V,$I_{1N}/I_{2N} = 0.4$ A/0.8 A。

(2) 闭合交流电源总开关,即按下绿色闭合按钮开关,顺时针调节调压器旋钮,使变压器空载电压 $U_0 = 1.2 U_N$。

(3) 逐次降低电源电压,在 $1.2 U_N \sim 0.5 U_N$ 的范围内,测取变压器的 U_0、I_0、P_0,共取 6~7 组数据记录于表 2-10 中。其中 $U = U_N$ 的点为必测点,并在该点附近应测得密些。为了计算变压器的变化,在 U_N 以下,测取原边电压的同时还应测取副边电压,并将数据填入表 2-10 中。

(4) 测量数据以后,断开三相电源,以便为下次实验做好准备。

表 2-10 空载实验数据

序号	测量数据				计算数据
	U_0/V	I_0/A	P_0/W	$U_{1U1.1U2}$	$\cos\varphi_2$
1					
2					
3					
4					
5					
6					
7					

2. 短路实验

实验电路如图 2-9 所示。每次改接电路时,都要关断电源。实验时,变压器 T 的高压线圈接电源、低压线圈直接短路。A 为交流电流表,V_1 和 V_2 为交流电压表,W 为功率表,选择方法同空载实验。

(1) 断开三相交流电源,将调压器旋钮逆时针方向旋转到底,使输出电压为零。

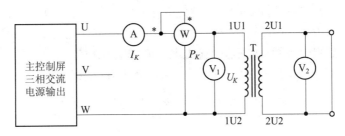

图 2 - 9　短路实验电路

（2）合上交流电源绿色闭合按钮开关,接通交流电源,逐次增加输入电压,直到短路电流等于 $1.1I_N$。在 $0.5 \sim 1.1I_N$ 范围内测取变压器的 U_K、I_K、P_K,共取 $6 \sim 7$ 组数据记录于表 2 - 11 中,其中 $I = I_K$ 的点必测,并记录实验时周围的环境温度（℃）。

表 2 - 11　短路实验数据（室温 $\theta =$ ＿＿＿℃）

序号	测量数据			计算数据
	U_K/V	I_K/A	P_K/W	$\cos\varphi_k$
1				
2				
3				
4				
5				
6				
7				

3. 负载实验

实验电路如图 2 - 10 所示。

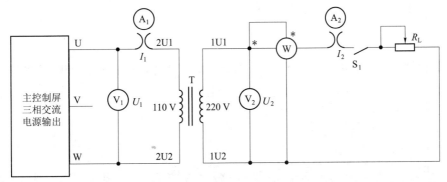

图 2 - 10　负载实验电路

变压器 T 低压线圈接电源,高压线圈经过开关 S_1 接到负载电阻 R_L 上。R_L 选用两只 900 Ω 电阻串联。开关 S_1 为单刀单掷开关,电压表、电流表、功率表（含功率因数表）的选择同空载实验。

（1）未接通主电源前,将调压器调节旋钮逆时针旋到底,S_1 断开,负载电阻调到最大。

（2）合上交流电源,逐渐升高电源电压,使变压器输入电压 $U_1 = U_N = 110$ V。

（3）在保持 $U_1 = U_N$ 的条件下,闭合开关 S_1,逐渐增加负载电流,即减小负载电阻 R_L 的值,从空载到额定负载范围内,测取变压器的输出电压 U_2 和输出电流 I_2。

（4）测取数据时,$I_2 = 0$ 和 $I_2 = I_{2N} = 0.8$ A 必测,共取 6~7 组数据,记录于表 2-12 中。

表 2-12　负载实验数据($\cos\varphi_2 = 1$,　$U_1 = U_N = 110$ V)

序号	1	2	3	4	5	6	7
U_2/V							
I_2/A							

六、注意事项

（1）在变压器实验中,应注意交流电压表、交流电流表和功率表的合理布置。

（2）短路实验操作要快,否则线圈发热会引起电阻变化。

七、实验报告

1. 计算变比

由空载实验测取变压器的原、副边电压的 3 组数据,分别计算出变比,然后取其平均值作为变压器的变比 K,即

$$K = U_{1U1.1U2}/U_{2U1.2U2}$$

2. 绘出空载特性曲线并计算激磁参数

（1）绘出空载特性曲线

$$U_0 = f(I_0)$$
$$P_0 = f(U_0)$$
$$\cos\varphi_0 = f(U_0)。$$

式中,$\cos\varphi_0 = \dfrac{P_0}{U_0 I_0}$。

（2）计算激磁参数。

在空载特性曲线上查出对应于 $U_0 = U_N$ 时的 I_0 和 P_0 的值,并由下式算出激磁参数,即

$$r_m = \frac{P_0}{I_0^2}$$

$$Z_m = \frac{U_0}{I_0}$$

$$X_m = \sqrt{Z_m^2 - r_m^2}$$

3. 绘出短路特性曲线并计算短路参数

（1）绘出短路特性曲线 $U_K = f(I_K)$,$P_K = f(I_K)$,$\cos\varphi_K = f(I_K)$。

（2）计算短路参数。

在短路特性曲线上查出对应于短路电流 $I_K = I_N$ 时的 U_K 和 P_K 的值,由下式算出当实验环境温度为 $\theta(\text{℃})$ 时的短路参数,即

$$Z'_K = \frac{U_K}{I_K}$$

$$r'_K = \frac{P_K}{I_K^2}$$

$$X'_K = \sqrt{Z'^2_K - r'^2_K}$$

折算到变压器低压绕圈,有

$$Z_K = \frac{Z'_K}{K^2}, r_K = \frac{r'_K}{K^2}, X_K = \frac{X'_K}{K^2}$$

由于短路电阻 r_K 随温度而变化,因此,算出的短路电阻应按国家标准换算为基准工作温度75 ℃时的阻值,即

$$r_{K75℃} = r_\theta \frac{234.5 + 75}{234.5 + \theta}$$

$$Z_{K75℃} = \sqrt{r_{K75℃} + X_{K75℃}^2}$$

式中,234.5 为铜导线的常数,若用铝导线常数应改为228。

阻抗电压为

$$U_K = \frac{I_N Z_{K75℃}}{U_N} \times 100\%$$

$$U_{Kr} = \frac{I_N r_{K75℃}}{U_N} \times 100\%$$

$$U_{KX} = \frac{I_N X_K}{U_N} \times 100\%$$

则当 $I_K = I_N$ 时的短路损耗 $P_{KN} = I_N^2 r_{K75℃}$。

4. 绘出 Γ 形等效电路

利用空载和短路实验测定的参数,画出被测变压器折算到低压线圈的 Γ 形等效电路。

5. 变压器的电压变化率 ΔU

(1) 绘出 $\cos\varphi_2 = 1$ 时的外特性曲线 $U_2 = f(I_2)$,由特性曲线计算出 $I_2 = I_{2N}$ 时的电压变化率 ΔU 为

$$\Delta U = \frac{U_{20} - U_2}{U_{20}} \times 100\%$$

(2) 根据实验求出的参数,算出 $I_2 = I_{2N}$,$\cos\varphi_2 = 1$ 时的电压变化率 ΔU 为

$$\Delta U = (\ UKr\cos\varphi_2 + UKx\sin\varphi_2)$$

将两种计算结果进行比较,并分析不同性质的负载对输出电压的影响。

实验五

三相变压器

一、实验目的

(1) 通过空载实验和短路实验,测定三相变压器的变比和参数。

(2) 通过负载实验,测取三相变压器的运行特性。

二、预习要点

(1) 如何用双功率表法测三相功率? 空载实验和短路实验应如何合理放置仪表?

(2) 三相组式变压器的三相空载电流是否对称,为什么?

(3) 如何测定三相变压器的铁耗和铜耗?

(4) 变压器空载实验和短路实验应注意哪些问题? 电源加在哪一方较为合适?

三、实验项目

(1) 测定变比。

(2) 空载实验:测取空载特性 $U_0 = f(I_0)$,$P_0 = f(U_0)$,$\cos\varphi_0 = f(U_0)$。

(3) 短路实验:测取短路特性 $U_K = f(I_K)$,$P_K = f(I_K)$,$\cos\varphi_K = f(I_K)$。

(4) 纯电阻负载实验:保持 $U_1 = U_{1N}$,$\cos\varphi_2 = 1$ 的条件下,测取 $U_2 = f(I_2)$。

四、实验设备

(1) 交流电压表、交流电流表、功率表、功率因数表;

(2) 三相可调电阻器 900 Ω;

(3) 旋转指示灯及开关板;

(4) 三相变压器。

五、实验内容

1. 测定变比

实验电路如图 2 – 11 所示,被测变压器选用三相组式变压器。

(1) 在三相交流电源断电的情况下,将调压器旋钮逆时针方向旋转到底,并合理选择各仪表量程。

(2) 合上交流电源总开关,即按下绿色闭合按钮开关,顺时针调节调压器旋钮,使变压器

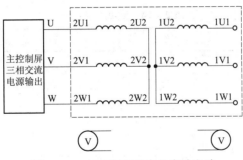

图 2-11   三相变压器变比实验电路

空载电压 $U_0 = 0.5U_N$，测取高、低压线圈的线电压 $U_{1U1.1V1}$、$U_{1V1.1W1}$、$U_{1W1.1U1}$、$U_{2U1.2V1}$、$U_{2V1.2W1}$、$U_{2W1.2U1}$，记录于表 2-13 中。

表 2-13   测定变比实验数据

U/V		K_{UV}	U/V		K_{VW}	U/V		K_{WU}	$K = 1/3(K_{UV} + K_{VW} + K_{WU})$
$U_{1U1.1V1}$	$U_{2U1.2V1}$		$U_{1V1.1W1}$	$U_{2V1.2W1}$		$U_{1W1.1U1}$	$U_{2W1.2U1}$		

表 2-13 中，K_{UV}、K_{VW}、K_{WU} 可通过下式计算，即

$$K_{UV} = U_{1U1.1V1}/U_{2U1.2V1}$$
$$K_{VW} = U_{1V1.1W1}/U_{2V1.2W1}$$
$$K_{WU} = U_{1W1.1U1}/U_{2W1.2U1}$$

2. 空载实验

实验电路如图 2-12 所示，实验时，变压器低压线圈接电源，高压线圈开路。

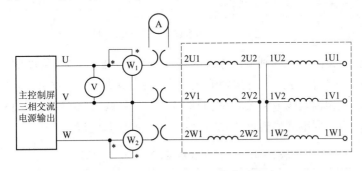

图 2-12   三相变压器空载实验电路

A 为交流电流表，V 为交流电压表，W_1 和 W_2 为功率表。功率表接线时，需注意电压线圈和电流线圈的同名端，避免接错。

（1）接通电源前，先将交流电源调到输出电压为零的位置。合上交流电源总开关，即按下绿色闭合按钮开关，顺时针调节调压器旋钮，使变压器空载电压 $U_0 = 1.2U_N$。

（2）逐次降低电源电压，在 $0.5 \sim 1.2U_N$ 的范围内，测取变压器的三相输入线电压、三相输入线电流和功率，共取 6~7 组数据，记录于表 2-14 中。其中 $U = U_N$ 的点必须测，并在该点附近取点应密些。

表 2-14 空载实验数据

序号	测量数据								计算数据			
	U_0/V			I_0/A			P_0/W		U_0/V	I_0/A	P_0/W	$\cos\varphi_0$
	$U_{2U1.2V1}$	$U_{2V1.2W1}$	$U_{2W1.2U1}$	I_{2U1O}	I_{2V1O}	I_{2W1O}	P_{01}	P_{02}				
1												
2												
3												
4												
5												
6												
7												

（3）实验结束后，断开三相电源，为下次实验做好准备。

3. 短路实验

实验电路如图 2-13 所示，变压器高压线圈接电源，低压线圈直接短路。

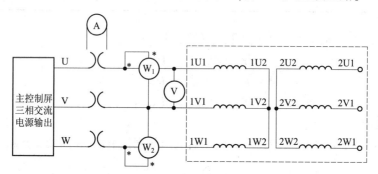

图 2-13 三相变压器短路实验电路

接通电源前，将交流电压调到输出电压为零的位置，接通电源后，逐渐增大电源电压，使变压器的短路电流 $I_K = 1.1I_N$。然后逐次降低电源电压，在 $0.5 \sim 1.1I_N$ 的范围内，测取变压器的三相输入线电压、三相输入线电流及功率，共取 4~5 组数据，记录于表 2-15 中，其中 $I_K = I_N$ 点必测。实验时，记下周围环境温度 $\theta(\text{℃})$，作为线圈的实际温度。

表 2-15 短路实验数据（$\theta =$ _____ ℃）

序号	测量数据								计算数据			
	U_K/V			I_K/A			P_K/W		U_K/V	I_K/A	P_K/W	$\cos\varphi_K$
	$U_{1U1.1V1}$	$U_{1V1.1U1}$	$U_{1W1.1U1}$	I_{1U1}	I_{1V1}	I_{1W1}	P_{K1}	P_{K2}				
1												
2												
3												
4												
5												

4. 纯电阻负载实验

实验电路如图 2-14 所示,变压器低压线圈接电源,高压线圈经开关 S 接负载电阻 R_L,R_L 选用 3 只 1 800 Ω 电阻(900 Ω 和 900 Ω 相串联)。

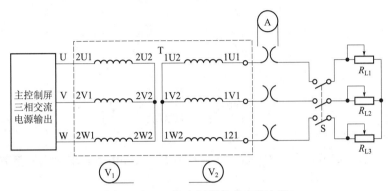

图 2-14　三相变压器负载实验电路

(1) 将负载电阻 R_L 调至最大,合上开关 S 接通电源,调节交流电压,使变压器的输入电压 $U_1 = U_{1N}$。

(2) 在保持 $U_1 = U_{1N}$ 的条件下,逐次增加负载电流,从空载到额定负载范围内,测取变压器三相输出线电压和三相输出相电流,共取 5~6 组数据,记录于表 2-16 中,其中 $I_2 = 0$ 和 $I_2 = I_N$ 两点必测。

表 2-16　纯电阻负载实验数据($U_{UV} = U_{1N} = \underline{\qquad}$ V,　$\cos\varphi_2 = 1$)

序号	U/V				I/A			
	$U_{1U1.1V1}$	$U_{1V1.1W1}$	$U_{1W1.1U1}$	U_2	I_{1U1}	I_{1V1}	I_{1W1}	I_2
1								
2								
3								
4								
5								
6								

六、注意事项

在三相变压器实验中,应注意电压表、电流表和功率表的合理布置。做短路实验时,操作要快,否则线圈发热会引起电阻变化。

七、实验报告

1. 计算变压器的变比

根据实验数据,计算出各项的变比,然后取其平均值作为变压器的变比,即

$$K_{UV} = \frac{U_{1U1.1V1}}{U_{2U1.2V1}}, K_{VW} = \frac{U_{1V1.1W1}}{U_{2V1.2W1}}, K_{WU} = \frac{U_{1W1.1U1}}{U_{2W1.2U1}}$$

2. 根据空载实验数据做出空载特性曲线并计算激磁参数

1）绘出空载特性曲线

$$U_0 = f(I_0), P_0 = f(U_0), \cos\varphi_0 = f(U_0)$$

式中：

$$U_0 = (U_{2U1.2V1} + U_{2V1.2W1} + U_{2W1.2U1})/3$$

$$I_0 = (I_{2U10} + I_{2V10} + I_{2W10})/3$$

$$P_0 = P_{01} + P_{02}$$

$$\cos\varphi_0 = \frac{P_0}{\sqrt{3}U_0 I_0}$$

2）计算激磁参数

从空载特性曲线查出对应于 $U_0 = U_N$ 时的 I_0 和 P_0 值，并由下式求取激磁参数，即

$$r_m = \frac{P_0}{3I_0^2}, Z_m = \frac{U_0}{\sqrt{3}I_0}, X_m = \sqrt{Z_m^2 - r_m^2}$$

3. 绘出短路特性曲线并计算短路参数

1）绘出短路特性曲线

$$U_K = f(I_K), P_K = f(I_K), \cos\varphi_K = f(I_K)$$

式中：

$$U_K = (U_{1U1.1V1} + U_{1V1.1W1} + U_{1W1.1U1})/3$$

$$I_K = (I_{1U1} + I_{1V1} + I_{1W1})/3$$

$$P_K = P_{K1} + P_{K2}$$

$$\cos\varphi_K = \frac{P_K}{\sqrt{3}U_K I_K}$$

2）计算短路参数

从短路特性曲线查出对应于 $I_K = I_N$ 时的 U_K 和 P_K 值，并由下式算出实验环境温度为 $\theta(℃)$ 时的短路参数，即

$$r'_K = \frac{P_K}{3I_N^2}, Z_K = \frac{U_K}{\sqrt{3}I_N}, X'_K = \sqrt{Z_K^2 - r_K^2}$$

折算到变压器低压线圈，即

$$Z_K = \frac{Z'_K}{K^2}, r_K = \frac{r'_K}{K^2}, X_K = \frac{X'_K}{K^2}$$

换算到基准工作温度的短路参数为 $r_{K75℃}$ 和 $Z_{K75℃}$，计算出阻抗电压，即

$$U_K = \frac{\sqrt{3}I_N Z_{K75℃}}{U_N} \times 100\%$$

$$U_{Kr} = \frac{\sqrt{3}I_N r_{K75℃}}{U_N} \times 100\%$$

$$U_{KX} = \frac{\sqrt{3}I_N X_K}{U_N} \times 100\%$$

$I_K = I_N$ 时的短路损耗 $P_{KN} = 3I_N^2 r_{K75℃}$。

4. 绘出被测变压器的 Γ 形等效电路

利用由空载实验和短路实验测定的参数,绘出被测变压器的 Γ 形等效电路。

5. 变压器的电压变化率 ΔU

(1) 根据实验数据绘出 $\cos\varphi_2 = 1$ 时的特性曲线 $U_2 = f(I_2)$,由特性曲线计算出 $I_2 = I_{2N}$ 时的电压变化率 ΔU 为

$$\Delta U = \frac{U_{2N} - U_2}{U_{2N}} \times 100\%$$

(2) 根据实验求出的参数,计算出 $I_2 = I_N$,$\cos\varphi_2 = 1$ 时的电压变化率 ΔU 为

$$\Delta U = \beta(U_{Kr}\cos\varphi_2 + U_{KX}\sin\varphi_2)$$

实验六

三相鼠笼式异步电动机的工作特性

一、实验目的

(1) 掌握三相异步电动机的空载实验、堵转实验和负载实验的方法。
(2) 用直接负载法测取三相鼠笼式异步电动机的工作特性。
(3) 测定三相笼式异步电动机的参数。

二、预习要点

(1) 异步电动机的工作特性指哪些?
(2) 异步电动机的等效电路有哪些参数? 它们的物理意义是什么?
(3) 工作特性和参数的测定方法。

三、实验项目

(1) 测量电动机定子绕组的冷态相电阻。
(2) 判定电动机定子绕组的首末端。
(3) 空载实验。
(4) 负载实验。

四、实验设备

(1) 实验台主控制屏;
(2) 电机导轨及校正直流发电机 M01;
(3) 交流电压表、交流电流表、功率表、功率因数表;
(4) 直流电压表、直流毫安表、直流安培表;
(5) 直流电机仪表、直流可调稳压电源;
(6) 三相可调电阻器(900 Ω);
(7) 旋转指示灯及开关板;
(8) 电机起动箱;
(9) 三相鼠笼式异步电动机 M04。

五、实验内容

1. 测量电动机定子绕组的冷态相电阻

将电动机在室内放置一段时间,用温度计测量电动机绕组端部或铁芯的温度。当所测温度与冷动介质温度之差不超过 2 ℃时,即为实际冷态。记录此时的温度并测量电动机定子绕组的相电阻,此阻值即为冷态相电阻。

实验电路如图 2 –15 所示,电路中各元件说明如下。

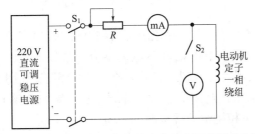

图 2 –15　电动机定子绕组的冷态相电阻的测量电路

S_1,S_2:双刀双掷和单刀单掷开关;

R:4 只 900 Ω 电阻相串联;

mA、V:直流毫安表和直流电压表。

测量时,通过的测量电流约为电动机额定电流的 10% ,即为 50 mA,因而直流毫安表的量程用 200 mA 挡。三相鼠笼式异步电动机定子一相绕组的电阻约为 50 Ω,因而当流过的电流为 50 mA 时,三端电压约为 2.5 V,所以直流电压表量程用 20 V 挡。实验开始前,闭合开关 S_1,断开开关 S_2,调节电阻 R 至最大(3 600 Ω)。

分别合上绿色闭合按钮开关和 220 V 直流可调稳压电源的船形开关,按下复位按钮,调节直流可调稳压电源及电阻 R,使电动机的实验电流不超过电动机额定电流的 10% ,以防止因实验电流过大而引起绕组的温度上升,读取电流值,再闭合开关 S_2,读取电压值。读完后,先断开开关 S_2,再断开开关 S_1。

调节 R 使直流毫安表 mA 读数分别为 50 mA、40 mA、30 mA,测取这 3 次定子各相绕组的电阻值,再分别取其平均值,将实验数据记录于表 2 –17 中。注意,在测量时,电动机的转子须静止不动,测量通电时间不应超过一分钟。

表 2 –17　测量电动机定子绕组的冷态相电阻实验数据(室温为_____℃)

绕组	绕组 I			绕组 II			绕组 III		
I/mA									
U/V									
R/Ω									

2. 判定电动机定子绕组的首末端

先用万用表测出电动机各相绕组的两个线端,将其中的任意两相绕组串联,如图 2 –16 所示。

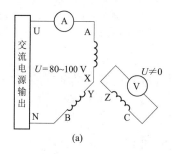 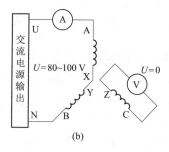

图 2 – 16 电动机定子绕组首末端的测定

将调压器调压旋钮退至零位,合上绿色闭合按钮开关,接通交流电源。调节交流电源,在绕组端施以单相低电压 $U = 80 \sim 100$ V,注意电流不应超过额定值。测出第三相绕组的电压,如测得的电压有一定读数,则表示两相绕组的末端与首端相连,如图 2 – 16(a)所示;反之,如测得电压近似为零,则表示二绕组的末端与末端(或首端与首端)相连,如图 2 – 16(b)所示。用同样的方法测出第三相绕组的首末端。

3. 空载实验

实验电路如图 2 – 17 所示,电动机绕组为△接法($U_N = 220$ V)。V_1 为交流电压表,A_1、A_2、A_3 为交流电流表,W_1、W_2 为功率表。

(1)启动电压前,把交流电压调节旋钮退至零位,然后接通电源,逐渐升高电压,使电动机启动旋转,观察电动机旋转方向,并使电动机旋转方向符合要求。如电动机转向不符合要求,则调换任意两相电源即可。

(2)保持电动机在额定电压下空载运行数分钟,使机械损耗达到稳定后再进行实验。

(3)调节电压由 1.2 倍额定电压开始逐渐降低,直至出现电流或功率显著增大的现象。在此范围内读取空载电压、空载电流和空载功率。

(4)测取空载实验数据时,在额定电压附近多测几点,共取数据 7~9 组记录于表 2 – 18 中。

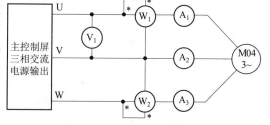

图 2 – 17 三相鼠笼式异步电动机空载实验电路

表 2 – 18 空载实验数据

序号	U_{OC}/V				I_{OL}/A				P_O/W			$\cos\varphi$
	U_{AB}	U_{BC}	U_{CA}	U_{OC}	I_A	I_B	I_C	I_{OL}	P_I	P_{II}	P_O	
1												
2												
3												
4												
5												
6												
7												
8												
9												

4. 负载实验

实验电路如图 2-18 所示,其中直流发电机 G 采用 M01,作校正测功机使用。R 采用电阻串并联(两个 900 Ω 串联加上两个 900 Ω 并联),阻值为 2 250 Ω。R_F 为 3 000 Ω 电阻。V_2 为直流电压表,A_4 为直流安培表,mA 为直流毫安表,其他仪器均与空载实验相同。

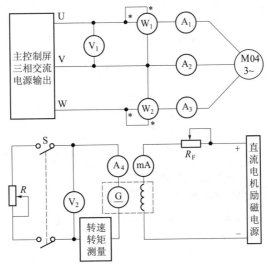

图 2-18　三相鼠笼式异步电动机负载实验电路

(1) 接通交流电源,调节调压器使之逐渐升至额定电压,并在实验中保持此额定电压不变。

(2) 接通直流电机励磁电源,调节励磁电阻 R_F,使励磁电流 I_F = 130 mA,并合上负载开关 S,调节负载电阻 R,使异步电动机的定子电流逐渐上升,直到 1.25 倍额定电流。

(3) 从此负载开始,逐渐减小负载直至空载(增加负载电阻为减小负载,断开时为空载),在这范围内读取异步电动机的定子电流、输入功率、转速、转矩等数据,共测取 5~6 组数据,记录于表 2-19 中。注意,实验过程中应保持 I_F = 130 mA。

调节负载电阻时,须注意观察 A_4 的读数。当电流小于 0.41 A 时,需调节串联电阻;当电流大于 0.41 A 时,需调节并联电阻,同时为了避免烧毁串联电阻的熔断器,应用导线短路串联电阻。

表 2-19　负载实验数据(U_N = 220 V)

序号	I_1/A				P_1/W			I_F/A	T_2/(N·m)	n/(r·min⁻¹)	P_2/W
	I_A	I_B	I_C	I_1	P_I	P_{II}	P_1				
1											
2											
3											
4											
5											
6											
注:I_F 为直流发电机电流,T_2 为对应 I_F 的转矩,$I_1 = (I_A + I_B + I_C)/3$。											

六、实验报告

1. 计算基准工作温度时的相电阻

由实验直接测得每相电阻值,此值为实际冷态相电阻值,冷态温度为室温。按下式换算到基准工作温度时的定子绕组相电阻值,即

$$R_{lef} = R_{1C}\frac{235 + \theta_{ref}}{235 + \theta_C}$$

式中　R_{lef}——换算到基准工作温度时定子绕组的相电阻,Ω;

R_{1C}——定子绕组的实际冷态相电阻,Ω;

θ_{ref}——基准工作温度,对于 E 级绝缘为 75℃;

θ_C——实际冷态时定子绕组的温度,℃。

2. 作空载特性曲线:I_O、P_O、$\cos\varphi_O = f(U_O)$

3. 作工作特性曲线:P_1、I_1、n、η、S、$\cos\varphi_1 = f(P_2)$

由负载实验数据计算工作特性,填入表 2 - 20 中。

表 2 - 20　负载实验工作特性数据($U_1 = 220$ V,$I_F =$ ____A)

序号	电动机输入		电动机输出		计算值			
	I_1/A	P_1/W	$T_2/(N \cdot m)$	$n/(r \cdot min^{-1})$	P_2/W	$S/\%$	$\eta/\%$	$\cos\varphi_1$
1								
2								
3								
4								
5								
6								

计算公式为

$$I_1 = \frac{I_A + I_B + I_C}{3\sqrt{3}}$$

$$S = \frac{1\ 500 - n}{1\ 500} \times 100\%$$

$$\cos\varphi_1 = \frac{P_1}{3U_1I_1}$$

$$P_2 = 0.105nT_2$$

$$\eta = \frac{P_2}{P_1} \times 100\%$$

式中　I_1——定子绕组相电流,A;

U_1——定子绕组相电压,V;

S——转差率;

η——效率。

实验七

三相异步电动机的启动与调速

一、实验目的

通过实验掌握异步电动机的启动和调速的方法。

二、预习要点

(1)复习异步电动机有哪些启动方法和启动技术指标。

(2)复习异步电动机的调速方法。

三、实验项目

(1)三相鼠笼式异步电动机的直接启动。

(2)三相鼠笼式异步电动机星形 – 三角形(Y – △)换接启动。

(3)三相鼠笼式异步电动机自耦变压器启动。

(4)绕线式异步电动机转子绕组串入可变电阻器启动。

(5)绕线式异步电动机转子绕组串入可变电阻器调速。

四、实验设备

(1)实验台主控制屏;

(2)电机导轨及校正直流发电机 M03;

(3)交流电压表、交流电流表、功率表、功率因数表;

(4)直流电压表、直流毫安表、直流安培表;

(5)直流电机仪表、电源;

(6)三相可调电阻器900 Ω;

(7)开关板;

(8)电机启动箱;

(9)三相鼠笼式异步电动机 M04;

(10)绕线式异步电动机 M09。

五、实验内容

1. 三相鼠笼式异步电动机直接启动实验

按图 2-19 接线,电动机绕组为△接法。交流电压表为数字式或指针式均可,交流电流表为指针式。

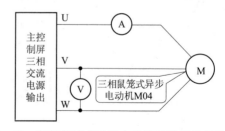

(1) 把三相交流电源调节旋钮逆时针调到底,合上绿色闭合按钮开关。调节调压器,使输出电压达电动机额定电压 220 V,使电动机启动旋转。

图 2-19 三相鼠笼式异步电动机直接启动实验电路

(2) 断开三相交流电源,待电动机完全停止旋转后,接通三相交流电源,使电动机全压启动,观察电动机瞬间电流值,按指针式电流表偏转的最大位置所对应的数值计量。电流表受启动电流冲击,电流表显示的最大值虽不能完全代表启动电流的读数,但用它可和下面实验中所测得的启动电流作定性比较。

2. 三相鼠笼式异步电动机星形——三角形(Y-△)换接启动

按图 2-20 接线,电压表、电流表的选择同前,开关 S 选用三刀双掷开关。

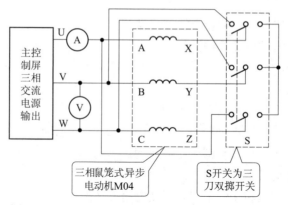

图 2-20 三相鼠笼式异步电动机星形-三角形起动

(1) 启动前,把三相调压器退到零位,三刀双掷开关合向右边(Y 接法)。合上电源开关,逐渐调节调压器,使输出电压升高至电动机额定电压 $U_N = 220$ V,断开电源开关,待电动机停转。

(2) 待电动机完全停转后,合上电源开关,观察启动瞬间的电流,然后把 S 合向左边(△接法),电动机进入正常运行,整个启动过程结束。观察启动瞬间电流表的数值并与其他启动方法作定性比较。

3. 三相鼠笼式异步电动机自耦变压器降压启动

按图 2-19 接线,电动机绕组为△接法。

(1) 先把调压器退到零位,合上电源开关,调节调压器旋钮,使输出电压达 110 V,断开电源开关,待电动机停转。

(2) 待电动机完全停转后,再合上电源开关,使电动机进行自耦变压器降压启动,观察电流表的瞬间读数,经一定时间后,调节调压器使输出电压达电动机额定电压 $U_N = 220$ V,整个启动过程结束。

4. 绕线式异步电动机转子绕组串入可变电阻器启动

实验电路如图 2 – 21,电动机定子绕组 Y 形接法。转子串入的可变电阻器由刷形开关来调节,采用绕线式异步电动机启动电阻(分 0、2、5、15、∞ 五挡)。

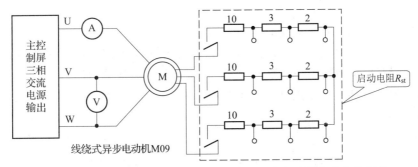

图 2 – 21 绕线式异步电动机转子绕组串入可变电阻器启动实验电路

(1) 启动电源前,把调压器退至零位,启动电阻 R_{st} 调节为零。

(2) 合上交流电源开关,调节交流电源使电动机启动,要注意电动机转向是否符合要求。

(3) 在定子绕组电压 U 为 180 V 时,读取此时的启动电流 I_{st}。

(4) 用刷形开关切换启动电阻 R_{st},分别读出启动电阻为 2 Ω、5 Ω、15 Ω 时的启动电流 I_{st},填入表 2 – 21 中。

注意,实验时通电时间不应超过 20 s,以免绕组过热。

表 2 – 21 启动实验数据($U = 180$ V)

R_{st}/Ω	0	2	5	15
I_{st}/A				

5. 绕线式异步电动机转子绕组串入可变电阻器调速

实验电路如图 2 – 21 所示。绕线式异步电动机启动电阻 R_{st} 调节到零。

(1) 合上电源开关,调节调压器输出电压至 $U_N = 220$ V,使电动机空载启动。

(2) 合上直流电机励磁电源,电路如图 2 – 18 所示,调节励磁电阻 R_F,使励磁电流 $I_F = 95$ mA,并合上负载开关 S。调节励磁电阻 R_F,使绕线式异步电动机的定子电流逐渐上升,直至使电动机输出功率接近额定功率并保持输出转矩 T_2 不变,改变启动电阻 R_{st},分别测出对应的转速,记录于表 2 – 22 中。

表 2 – 22 调速实验数据($U_N = 220$ V, $T_2 = $ _____ N · m)

R_{st}/Ω	0	2	5	15
$n/(\text{r} \cdot \text{min}^{-1})$				

六、思考题

(1) 当启动电流和外施电压成正比时,在什么情况下启动转矩和外施电压的平方成正比?

（2）启动时的实际情况和上述假定是否相符？不相符的主要因素是什么？

七、实验报告

1. 比较异步电动机不同启动方法的优缺点。

2. 由启动实验数据求解下述 3 种情况下的启动电流和启动转矩：

（1）外施额定电压 U_N（直接法起动）。

（2）外施电压为 $U_N/\sqrt{3}$（Y – △ 起动）。

（3）外施电压为 U_K/K_A，式中 K_A 为启动用自耦变压器的变比（自耦变压器起动）。

3. 绕线式异步电动机转子绕组串入可变电阻器对启动电流的影响。

4. 绕线式异步电动机转子绕组串入可变电阻器对电动机转速的影响。

实验八

三相同步电动机

一、实验目的

(1) 掌握三相同步电动机的异步启动方法；

(2) 测取三相同步电动机的 V 形曲线；

(3) 测取三相同步电动机的工作特性。

二、预习要点

(1) 三相同步电动机异步启动的原理及操作步骤。

(2) 三相同步电动机的 V 形曲线是怎样的？怎样作为无功发电机(调相机)？

(3) 三相同步电动机的工作特性如何？如何测取？

三、实验项目

(1) 三相同步电动机的异步启动。

(2) 测取三相同步电动机输出功率 $P_2 \approx 0$ 时的 V 形曲线。

(3) 测取三相同步电动机输出功率 P_2 等于 0.5 倍额定功率时的 V 形曲线。

(4) 测取三相同步电动机的工作特性。

四、实验设备

(1) 实验台主控制屏；

(2) 电机导轨及转速测量；

(3) 功率表、功率因数表；

(4) 同步电机励磁电源；

(5) 直流电机仪表、直流稳压电源；

(6) 三相可调电阻器 900 Ω；

(7) 三相可调电阻器 90 Ω；

(8) 旋转指示灯及开关板；

(9) 三相同步电动机 M08；

(10) 直流并励电动机 M03。

五、实验内容

被测电动机为凸极式三相同步电动机 M08。

1. 三相同步电动机的异步启动

实验电路如图 2-22 所示。

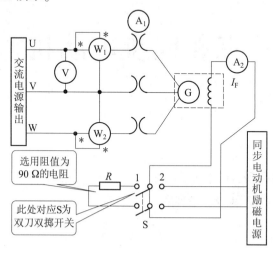

图 2-22　三相同步电动机实验电路

实验开始前,将"转速控制"和"转矩控制"选择开关扳向"转矩控制","转矩设定"旋钮逆时针旋到底。R 的阻值选择为同步发电机励磁绕组电阻的 10 倍(约 90 Ω),即选用 90 Ω 电阻。开关 S 选用双刀双掷开关。交流电压表的量程为 300 V、交流电流表的量程为 1 A。同步电动机励磁电源固定在控制屏的右下部。

(1)把功率表的电流线圈短接、交流电流表短接、将开关 S 闭合于同步电动机励磁电流源端,启动励磁电流源,调节励磁电流源输出大约为 0.7 A,然后将开关 S 闭合于可变电阻器 R 端(图中左端)。

(2)把调压器退到零位,合上电源开关,调节调压器使升压至同步电动机额定电压220 V,观察电动机旋转方向,若不符合则应调整相序使电动机旋转方向符合要求。

(3)当转速接近同步转速时,把开关 S 迅速从左端切换到右端,让同步电动机励磁绕组加直流励磁而被强制拉入同步运行,异步启动同步电动机整个启动过程完毕,接通功率表、功率因数表、交流电流表测量数据。

2. 测取三相同步电动机输出功率 $P_2 \approx 0$ 时的 V 形曲线

(1)按实验内容 1 的步骤异步启动同步电动机,使同步电动机输出功率 $P_2 \approx 0$。

(2)调节同步电动机的励磁电流 I_F 使 I_F 逐渐增加,这时同步电动机的定子三相电流亦随之增加,直至电流达同步电动机的额定值,记录定子三相电流和相应的励磁电流、输入功率。

(3)调节同步电动机的励磁电流 I_F 使 I_F 逐渐减小,这时同步电动机的定子三相电流亦随之减小,直至电流为最小,记录此时的相应数据。

(4)继续调小同步电动机的励磁电流,这时同步电动机的定子三相电流反而增大,直到电流达额定值,在此过励和欠励范围内读取 9~11 组数据,数据记录于表 2-23 中。

表 2 – 23　测取 $P_2 \approx 0$ 时的 V 形曲线实验数据($n = 1\ 500$ r/min，$U = 220$ V，$P_2 \approx 0$)

序号	三相电流/A				励磁电流/A	输入功率/W		
	I_A	I_B	I_C	I	I_F	P_I	P_{II}	P
1								
2								
3								
4								
5								
6								
7								
8								
9								
10								
11								

注：$I = (I_A + I_B + I_C)/3$；
　　$P = P_I + P_{II}$。

3. 测取三相同步电动机输出功率 P_2 为 0.5 倍额定功率时的 V 形曲线

（1）按实验内容 1 的步骤异步启动同步电动机，闭合开关 S 到 2 端，调节直流发电机的负载电阻(电动机 M03 作发电机使用，实验时，需保持直流电动机的励磁电流 I_F 为 95 mA)，使同步电动机输出功率改变，输出功率按下式计算，即

$$P_2 = 0.105 n T_2$$

式中　n——电动机转速，r/min；

　　　T_2——直流发电机的输出转矩，N·m，由转矩表读出。

（2）使同步电动机输出功率接近于 0.5 倍额定功率(P_N)且保持不变，调节同步电动机的励磁电流 I_F 使 I_F 逐渐增加，这时同步电动机的定子三相电流亦随之增加，直到电流达同步电动机的额定电流，记录定子三相电流和相应的励磁电流和输入功率。

（3）调节同步电动机的励磁电流 I_F，使 I_F 逐渐减小，这时定子三相电流亦随之减小，直至电流达最小值，记录此时的相应数据，继续调小同步电动机的励磁电流，此时同步电动机的定子三相电流反而增大直到电流达额定值，在此过励和欠励范围内读取 9~11 组数据并记录于表2 – 24 中。

表 2 – 24　测取 P_2 为 0.5 倍额定功率时的 V 形曲线实验数据($n = 1\ 500$ V，$U = 220$ V，$P_2 \approx 0.5P_N$)

序号	三相电流/A				励磁电流/A	输入功率/W		
	I_A	I_B	I_C	I	I_F	P_I	P_{II}	P
1								
2								
3								
4								

续表

序号	三相电流/A				励磁电流/A	输入功率/W		
	I_A	I_B	I_C	I	I_F	P_I	P_{II}	P
5								
6								
7								
8								
9								
10								
11								
注:$I = (I_A + I_B + I_C)/3$; $P = P_I + P_{II}$。								

4. 测取三相同步电动机的工作特性

(1) 按实验内容 1 的步骤异步启动同步电动机,按实验内容 3 的步骤改变负载电阻,使同步电动机输出功率改变,输出功率按下式计算,即

$$P_2 = 0.105nM$$

式中　n——电动机转速,r/min;

　　　M——直流发电机输出转矩,N·m。

注意:采用直流发电机,转矩可按下式计算

$$M = 9.55(I_G U_G + I_G^2 R_S + P_O)/n$$

式中　I_G——直流发电机电流,A;

　　　U_G——直流发电机电压,V;

　　　R_S——直流发电机电枢电阻,Ω;

　　　P_O——机组空载损耗,W。

不同转速下取不同数值:$n = 1\ 500$ r/min,$P_O = 13.5$ W;$n = 1\ 000$ r/min,$P_O = 10$ W;$n = 500$ r/min,$P_O = 6$ W。

(2) 同时调节同步电动机的励磁电流,使同步电动机输出功率达额定值,且功率因数为 1。

(3) 保持此时同步电动机的励磁电流不变,逐渐减小负载,使同步电动机输出功率逐渐减小至零,读取定子三相电流、输入功率、功率因数、输出转矩、转速,共取 6 ~ 7 组数据记录于表 2 - 25 中。

表 2 - 25　测取三相同步电动机工作特性实验数据($U = U_N = 220$ V,　$I_F = $ _____ A,　$n = 1\ 500$ r/min)

序号	同步电动机输入								同步电动机输出		
	I_A/A	I_B/A	I_C/A	I/A	P_I/W	P_{II}/W	P/W	$\cos\varphi$	T_2/N·m	P_2/W	η/%
1											
2											
3											
4											

序号	同步电动机输入								同步电动机输出		
	I_A/A	I_B/A	I_C/A	I/A	P_I/W	P_{II}/W	P/W	$\cos\varphi$	T_2/N·m	P_2/W	η/%
5											
6											
7											

注:$I = (I_A + I_B + I_C)/3$;

$P = P_I + P_{II}$;

$P_2 = 0.105 n T_2$;

$\eta = \dfrac{P_2}{P_1} \times 100\%$。

六、思考题

(1) 同步电动机异步启动时先把同步电动机的励磁绕组经一可调电阻组成回路,该可调电阻的阻值调为同步电动机励磁绕组阻值的 10 倍,约 90 Ω,该电阻在启动过程中的作用是什么? 若该电阻为零时又将如何?

(2) 在保持恒功率输出的情况下,测取 V 形曲线时输入功率将有什么变化? 为什么?

(3) 对这台同步电动机的工作特性作评价。

七、实验报告

(1) 作 $P_2 \approx 0$ 时同步电动机的 V 形曲线 $I = f(I_F)$,并说明此时定子三相电流的性质。

(2) 作 P_2 为 0.5 倍额定功率时同步电动机的 V 形曲线 $I = f(I_f)$,并说明此时定子三相电流的性质。

(3) 作同步电动机的工作特性曲线:I、P、$\cos\varphi$、T_2、$\eta = f(P_2)$。

实验九

直流他励电动机机械特性

一、实验目的

了解直流电动机在各种运转状态时的机械特性。

二、预习要点

（1）改变直流他励电动机械特性的方法有哪些？

（2）直流他励电动机在什么情况下能从运行状态进入回馈制动状态？直流他励电动机回馈制动时，能量传递关系、电动势平衡方程式及机械特性又是什么情况？

（3）直流他励电动机反接制动时，能量传递关系、电动势平衡方程式及机械特性是怎样的？

三、实验项目

（1）直流他励电动机的回馈制动特性。

（2）直流他励电动机的反接制动特性。

（3）能耗制动特性。

四、实验设备

（1）实验台主控制屏；

（2）电机导轨及转速表；

（3）三相可调电阻 900 Ω；

（4）三相可调电阻 90 Ω；

（5）旋转指示灯及开关板；

（6）直流电压表、直流安培表、直流毫安表；

（7）电机启动箱；

（8）直流电机仪表、可调直流稳压电源。

五、实验内容

1. 直流他励电动机回馈制动特性

实验电路如图 2 - 23 所示。M 表示直流电动机 M01（接成他励方式）。G 为直流并励电

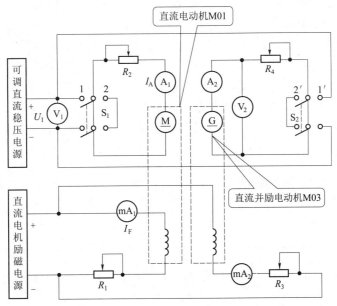

图 2 - 23　直流他励电动机机械特性测定电路

动机 M03(接成他励方式),$U_N = 220$ V,$I_N = 1.1$ A,$n_N = 1\,600$ r/min;直流电压表 V_1 由 220 V 可调直流稳压电源自带,V_2 的量程为 300 V;直流电流表 mA_1、A_1 分别为 220 V 可调直流稳压电源自带的毫安表、安培表;mA_2、A_2 分别选用量程为 200 mA、5 A 的直流毫伏表和直流安培表,安装在主控制屏的下部;R_1 选用 900 Ω 电阻;R_2 选用 180 Ω 电阻(两 90 Ω 电阻相串联);R_3 选用 3 000 Ω 磁场调节电阻;R_4 选用 2 250 Ω 电阻(两只 900 Ω 电阻并联再加上两只 900 Ω 电阻串联);开关 S_1、S_2 选用双刀双掷开关。

　　按图 2 - 23 接线,在开启电源前,检查开关、电阻等设置是否正确;开关 S_1 合向 1 端,S_2 合向 2′端。电阻 R_1 调至最小值,R_2、R_3、R_4 调至阻值最大位置。直流励磁电源船形开关和 220 V 可调直流稳压电源船形开关须在断开位置。

　　(1) 按次序先按下绿色闭合按钮开关,再按下励磁电源船型开关和 220 V 电源船形开关,使直流电动机 M 启动运转,调节可调直流稳压电源,使 V_1 读数为 $U_N = 220$ V,调节 R_2 阻值为零。

　　(2) 分别调节直流电动机 M 的磁场调节电阻 R_1,直流电动机 G 的磁场调节电阻 R_3、负载电阻 R_4(先调节相串联的 900 Ω 电阻的旋钮,使阻值为零,再用导线短接以免烧毁熔断器,然后调节相并联的 900 Ω 电阻的旋钮),使直流电动机 M 的转速 $n_N = 1\,600$ r/min,$I_F + I_A = I_N = 0.55$ A,此时 $I_F = I_{FN}$,记录此值。

　　(3) 保持电动机的 $U = U_N = 220$ V,$I_F = I_{FN}$ 不变,改变 R_4 及 R_3 的值,测取 M 在额定负载至空载范围的 n、I_A,共取 5 ~ 6 组数据填入表 2 - 26 中。

表 2 - 26　直流他励电动机回馈制动特性实验数据(一)($U_N = 220$ V,　$I_{FN} =$ _____ A)

I_A/A						
$n/(r \cdot min^{-1})$						

（4）撤掉开关 S_2 的短接线，调节 R_3，使电动机 G 的空载电压达到最大（不超过 220 V），并且极性与电动机电枢电压相同。

（5）保持电枢电源电压 $U = U_N = 220$ V，$I_F = I_{FN}$，把开关 S_2 合向 1′ 端，减小 R_4 的值直至为零（先调节相串联的 900 Ω 电阻的旋钮，使阻值为零，再用导线短接以免烧毁熔断器）。然后调节 R_3 的值使阻值逐渐增加，电动机 M 的转速升高。当表 A_1 的电流值为 0 时，此时电动机转速为理想空载转速，继续增加 R_3 的阻值，则电动机进入第二象限回馈制动状态运行，直至电流接近 0.8 倍额定值（实验中应注意电动机转速不得超过 2 100 r/min）。测取电动机 M 的 n、I_A，共取 5～6 组数据填入表 2-27 中。

表 2-27　直流他励电动机回馈制动特性实验数据（二）（$U_N = 220$ V，　$I_{FN} = $ _____ A）

I_A/A						
$n/(\text{r} \cdot \text{min}^{-1})$						

因为 $T_2 = CM\phi I_2$，而 $CM\phi$ 为常数，则 $T_2 \propto I_2$，为简便起见，只要求画出 $n = f(I_A)$ 曲线，如图 2-24 所示。

2. 直流他励电动机反接制动特性。

在断电的条件下，对图 2-23 所示电路做如下改动。R_1 为 3 000 Ω 磁场调节电阻，R_2 为 900 Ω 电阻，R_3 撤掉，R_4 不变。S_1 合向 1 端，S_2 合向 2′ 端（短接线拆掉），把发电机 G 的电枢的两个插头对调。实验步骤如下。

（1）在未接通电源前，R_1 置最小，R_2 置 300 Ω 左右，R_4 置最大。

（2）按前述方法启动电动机，测量发电机 G 的空载电压是否和可调直流稳压电源极性相反，若极性相反则可把 S_2 合向 1′ 端。

（3）调节 R_2 为 900 Ω，调节可调直流稳压电源电压 $U = U_N = 220$ V，调节 R_1 使 $I_F = I_{FN}$，并保持不变。逐渐减小 R_4 的值，使电动机减速直至为零，继续减小 R_4 的值，此时电动机工作于反接制动状态（第四象限）；

（4）再减小 R_4 的值，直至电动机 M 的电流接近 $0.8I_N$，测取电动机在第一、第四象限的 n、I_2，共取 5～6 组数据记录于表 2-28 中。

表 2-28　直流他励电动机反接制动特性（$R_2 = 900$ Ω，$U_N = 220$ V，$I_{FN} = $ ____ A）

I_2/A						
$n/(\text{r} \cdot \text{min}^{-1})$						

为简便起见，只画出 $n = f(I_A)$ 曲线，如图 2-25 所示。

3. 直流他励电动机能耗制动特性

在如图 2-23 所示电路中，R_1 用 3 000 Ω，R_2 改为 360 Ω（采用 90 Ω 电阻相串联），R_3 采用直流电动机 M03 的 900 Ω 电阻，R_4 仍用 2 250 Ω 电阻。

操作前，把 S_1 合向 2 端，R_1、R_2、R_3 置最大值位置，R_4 置 300 Ω（把两只串联电阻调至零位，并用导线短接，再把两只并联电阻调在 300 Ω 位置），S_2 合向 1′ 端。

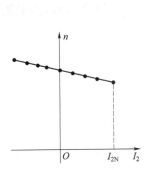

图 2 – 24　直流他励电动机
回馈制动特性曲线

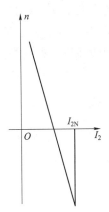

图 2 – 25　直流他励电动机
反接制动特性曲线

按前述方法起动发电机 G(此时作电动机使用) ,调节可调直流稳压电源使 $U = U_N =$ 220 V,调节 R_1 使电动机 M 的 $I_F = I_{FN}$,调节 R_3 使发电机 G 的 $I_F = 80$ mA。调节 R_4,先使 R_4 阻值减小,使电动机 M 的能耗制动电流 I_A 接近 $0.8I_{AN}$,并将数据记录于表 2 – 29 中。

表 2 – 29　直流他励电动机能耗制动特性实验数据(一) ($R_2 = 360$ Ω,　$I_{FN} = $ ＿＿＿＿＿ mA)

I_A/A							
n/(r · min^{-1})							

调节 R_2 为 180 Ω,重复上述实验步骤,测取 I_A、n,共取 6 ~ 7 组数据,记录于表 2 – 30 中。

表 2 – 30　直流他励电动机能耗制动特性实验数据(二) ($R_2 = 180$ Ω,　$I_{FN} = $ ＿＿＿＿＿ mA)

I_A/A							
n/(r · min^{-1})							

当忽略不变损耗时,可近似认为电动机轴上的输出转矩等于电动机的电磁转矩 $T = CM\Phi I_A$,他励电动机在磁通 Φ 不变的情况下,其机械特性可以由曲线 $n = f(I_A)$ 来描述。画出以上两组实验的能耗制动特性曲线 $n = f(I_A)$,如图 2 – 26 所示。

六、注意事项

调节串、并联电阻时,要按电流的大小,相应地调节串联或并联电阻,防止电阻过流烧毁熔断丝。

七、思考题

1. 在直流他励电动机回馈制动实验中,如何判别电动机是否运行在理想空载点?

2. 在直流他励电动机从第一象限运行到第二象限的过

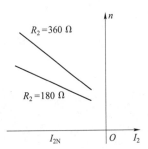

图 2 – 26　直流他励电动机
能耗制动特性曲线

程中,转子旋转方向不变,试问电磁转矩的方向是否也不变? 为什么?

3. 对于 M、G 实验机组,在电动机 M 从第一象限运行到第四象限过程中,其转向反了,而电磁转矩方向不变,为什么? 作为负载的 G,从第一象限运行到第四象限的过程中,其电磁矩方向是否改变? 为什么?

八、实验报告

根据实验数据绘出直流他励电动机运行在第一象限、第二象限、第四象限的制动特性 $n = f(I_A)$ 及能耗制动特性 $n = f(I_A)$。

步进电动机实验

一、实验目的

(1) 加深了解步进电动机的驱动电源和工作情况。

(2) 步进电动机基本特性的测定。

二、预习要点

(1) 了解步进电动机的驱动电源和工作情况。

(2) 步进电动机有哪些基本特性？怎样测定？

三、实验项目

(1) 单步运行状态。

(2) 角位移和脉冲数的关系。

(3) 空载实跳频率的测定。

(4) 空载最高连续工作频率的测定。

(5) 转子振荡状态的观察。

(6) 定子绕组中电流和频率的关系。

(7) 平均转速和脉冲频率的关系。

四、实验设备

(1) 实验台主控制屏；

(2) 电机导轨及测速表；

(3) 直流电压表、直流安培表、直流毫安表；

(4) 三相可调电阻器 90 Ω；

(5) 步进电动机驱动电源；

(6) 步进电动机 M10；

(7) 双踪示波器。

五、实验内容

1. 驱动波形观察

不接步进电动机。

（1）合上控制电源船形开关，分别按下"连续"控制开关和"正转/反转""三拍/六拍""启动/停止"开关，使电动机处于三拍正转连续运行状态。

（2）用示波器观察电脉冲信号输出波形（CP 波形），改变"调频"电位器旋钮，频率变化范围应不小于 5 Hz～1 kHz，可从频率计上读出此频率。

（3）用示波器观察环形分配器输出的 A、B、C 三相波形之间的相序及其与 CP 脉冲波形之间的关系。

（4）改变电动机运行方式，使电动机处于正转六拍运行状态，重复步骤（3）。注意，每次改变电动机运行状态时，均需先弹出"启动/停止"开关，再按下"复位"按钮，然后重新启动。

（5）再次改变电动机运行状态，使电动机处于反转状态，重复步骤（3）。

2. 步进电机特性的测定和动态观察

按图 2－27 接线，注意接线不可接错，且接线时需断开控制电源。

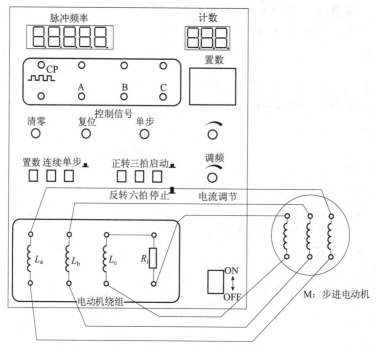

图 2－27　步进电动机实验电路

1）单步运行状态

接通电源，按下述步骤操作。按下"单步"琴键开关、"复位"按钮、"清零"按钮，最后按下"单步"按钮。每按一次"单步"按钮，步进电动机将走一步距角，与绕组相应的发光管发亮，不断按下"单步"按钮，电动机转子也不断做步进运行。改变电动机转向，电动机做反向步进运动。

2）角位移和脉冲数的关系

（1）按下"置数"琴键开关，给拨码开关预置步数，分别按下"复位"和"清零"按钮（操作以上步骤时须让电动机处于停止状态），记录电动机转子所处位置。

（2）按下"启动/停止"开关，电动机运转，观察并记录电动机转子偏转角度，填入表 2－31 中。

表 2 - 31　步进电动机角位移和脉冲数关系实验数据

序号	预置步数	实际电动机转子偏转角度	理论电动机转子偏转角度
1			
2			

（3）重新预置步数,重复观察并记录电动机转子偏转角度,填入表 2 - 31 中,并利用公式计算电动机转子偏转角度与实际值是否一致。

进行上述实验时,若电动机处于失步状态,则数据无法读出,须调节"调频"电位器,寻找合适的电动机运转速度(可观察电动机是否能正常实现正、反转),使电动机处于正常工作状态。

3）空载突跳频率的测定

（1）令电动机处于连续运行状态,按下"启动/停止"开关,调节"调频"电位器旋钮使频率逐渐提高。

（2）弹出"启动/停止"开关,电动机停转,再重新启动电动机,观察电动机能否正常运行。如正常,则继续提高频率,直至电动机不失步启动的最高频率,则该频率为步进电动机的空载突跳频率,记为_____Hz。

4）空载最高连续工作频率的测定

步进电动机空载连续运转后,缓慢调节"调频"电位器旋钮,使电动机转速升高,仔细观察电动机是否不失步。如不失步,则继续缓慢提高频率,直至电动机停转,则该频率为步进电动机最高连续工作频率,记为_____Hz。

5）转子振荡状态的观察

步进电动机脉冲频率从最低开始逐步上升。观察电动机的运行情况,电动机声音有无异常或电动机转子是否来回偏转,即步进电动机出现振荡现象。

6）定子绕组中电流和频率的关系

令电动机在空载状态下连续运行,用示波器观察流过取样电阻 R_l 上电流的波形,即控制绕组电流的波形,改变频率,观察波形的变化。

7）平均转速和脉冲频率的关系

令电动机处于连续运行状态,改变"调频"旋钮,测量频率 f（由频率计读出）及其对应的转速 n,则有 $n = f(f)$,填入表 2 - 32 中。

表 2 - 32　步进电动机平均转速和脉冲频率的关系实验数据

序号	f/Hz	$n/(\text{r} \cdot \text{min}^{-1})$
1		
2		
3		
4		
5		

六、注意事项

步进电动机驱动系统中控制信号部分和功放部分的电源是不同的,绝不能将电动机绕组接至控制信号部分的端子上,或将控制信号部分端子和电动机绕组部分端子以任何形式连接。

七、实验报告

对上述实验内容进行总结,并加以分析:

(1) 步进电动机处于三拍、六拍等不同状态时,驱动波形的关系;

(2) 单步运行状态时,步距角 = _____;

(3) 角位移和脉冲数关系;

(4) 空载突跳频率;

(5) 空载最高连续工作频率;

(6) 平均转速和脉冲频率的特性 $n = f(f)$。

八、思考题

(1) 影响步进电动机步距的因素有哪些?采用何种方法可使步距最小?

(2) 平均转速和脉冲频率的关系是怎样的?为什么特别强调平均转速?

交流伺服电动机实验

一、实验目的

(1) 掌握用实验方法配堵转圆形磁场。

(2) 掌握交流伺服电动机机械特性及调节特性的测量方法。

二、预习要点

(1) 为什么三相调压器输出的线电压 U_{UW} 与相电压 U_{VN} 在相位上相差 90°?

(2) 二相交流伺服电动机在什么条件下可达到堵转圆形磁场?

(3) 对交流伺服电动机有什么技术要求? 在制造与结构上可采取什么相应措施以达到要求?

(4) 交流伺服电动机有几种控制方式?

(5) 什么是交流伺服电动机的机械特性和调节特性?

三、实验项目

(1) 测定交流伺服电动机采用幅值控制时的机械特性和调节特性。

(2) 用实验方法配堵转圆形磁场。

(3) 测定交流伺服电动机采用幅值–相位控制时的机械特性和调节特性。

四、实验设备

(1) 教学实验台主控制屏;

(2) 电机导轨、测功机及转速转矩测量设备;

(3) 交流伺服电动机 M13;

(4) 三相可调电阻 900 Ω;

(5) 三相可调电阻 90 Ω;

(6) 波形测试及开关板;

(7) 交流伺服电动机电源;

(8) 示波器。

五、实验内容

实验电路如图 2–28 所示。

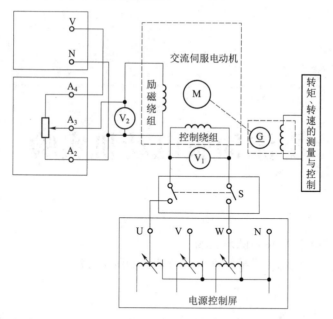

图 2 – 28 交流伺服电动机幅值控制实验电路

在图 2 – 28 中,交流伺服电动机采用 M13,额定功率 $P_N = 25$ W,额定控制绕组电压 $U_{CN} = 220$ V,额定激磁电压 $U_{NF} = 220$ V,堵转转矩 $M = 3\,000$ g·cm,空载转速 $n = 2\,700$ r/min。三相调压器输出的线电压 U_{UW} 经过开关 S 接交流伺服电动机的控制绕组。G 为测功机,通过航空插座与转速转矩测量设备相连。

1. 测定交流伺服电动机

交流伺服电动机采用幅值控制时的机械特性和调节特性。

(1)测定交流伺服电动机 $a = 1$(即 $U_C = U_{CN} = 220$ V)时的机械特性。

把测功机和交流伺服电动机同轴连接,调节三相调压器,使 $U_C = U_{CN} = 220$ V,保持 U_F、U_C 的电压值不变,调节测功机负载,记录电动机从空载到接近堵转时的转速 n 及相应的转矩 T 并填入表 2 – 33 中。

表 2 – 33 测定交流伺服电动机 $a = 1$ 时的机械特性实验数据($U_F = U_{FN} = 220$ V, $U_C = U_{CN} = 220$ V)

$n/(\mathrm{r\cdot min^{-1}})$								
$T/(\mathrm{N\cdot m})$								

(2)测定交流伺服电动机 $a = 0.75$(即 $U_C = 0.75U_{CN} = 165$ V)时的机械特性。

调节三相调压器,使 $U_C = 0.75U_{CN} = 165$ V,保持 U_F、U_C 的电压值不变,调节测功机负载,记录电动机从空载到接近堵转时的转速 n 及相应的转矩 T 并填入表 2 – 34 中。

表 2 – 34 测定交流伺服电动机 $a = 0.75$ 时的机械特性实验数据
($U_F = U_{FN} = 220$ V, $U_C = 0.75U_{CN} = 165$ V)

$n/(\mathrm{r\cdot min^{-1}})$								
$T/(\mathrm{N\cdot m})$								

（3）测定交流伺服电动机的调节特性。

保持电动机的励磁电压 $U_F = 220$ V，测功机不加励磁。

调节调压器，使电动机控制绕组电压 U_C 从220V逐渐减小至0，记录电动机空载运行的转速 n 及相应的控制绕组电压 U_C 并填入表2-35中。

表2-35　测定交流伺服电动机 $T=0$ 时的调节特性实验数据（ $U_F = U_{FN} = 220$ V，　$T = 0$ ）

$n/(r \cdot min^{-1})$						
U_C/V						

仍保持 $U_F = 220$ V，调节调压器使 U_C 为 220 V，调节测功机负载，使电动机输出转矩 $T = 0.03$ N·m，并保持不变。重复上述步骤，记录转速 n 及相应控制绕组电压 U_C 并填入表2-36中。

表2-36　测定交流伺服电动机 $T=0.03$ N·m 时的调节特性实验数据（ $U_F = U_{FN} = 220$ V，　$T = 0.03$ N·m）

$n/(r \cdot min^{-1})$						
U_C/V						

2. 用实验方法配堵转圆形磁场

实验电路如图2-29所示。

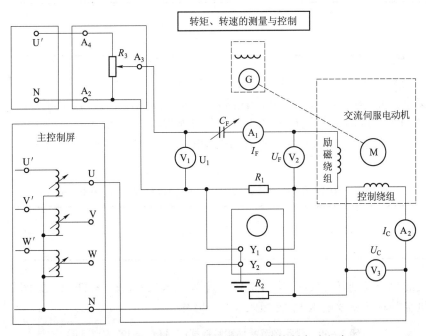

图2-29　交流伺服电动机幅值-相位控制实验电路

A_1、A_2 选用交流电流表0.75 A挡。V_1、V_2、V_3 选用交流电压表300 V挡。R_1、R_2 选用45 Ω阻值（90 Ω并联90 Ω），并用万用表调定在5 Ω阻值。R_3 为900 Ω三相可调电阻。可变电容选用交流伺服电动机电源配备的电容，位于下组件处。示波器两探头的地线应接 N 线，X 踪和 Y 踪幅值量程一致。

（1）令电动机堵转。

（2）接通交流电源，使 V_1、V_2 电压指示为 220 V。

（3）改变电容 C_F（约为 3 ~ 4 μF），使 A_1、A_2 电流近似相等，示波器显示的两个电流波形相位相差 90°（或 Y_2 改接 X 踪，示波器显示圆形图）。

3. 测定交流伺服电动机采用幅值 – 相位控制时的机械特性和调节特性。

1）测定机械特性

实验电路仍如图 2 – 29 所示。接通交流电源，调节 900 Ω 三相可调电阻 R_3，使 V_1 指示为 127 V。调节三相调压器，使 V_3 指示为 220 V。保持 V_1、V_2 的值不变，改变测功机负载，记录电动机从空载到接近堵转时的转速 n 及转矩 T 并填入表 2 – 37 中。

表 2 – 37　机械特性测定实验数据（一）（$U_1 = 127$ V，　$U_C = 220$ V）

$n/(\text{r} \cdot \text{min}^{-1})$							
$T/(\text{N} \cdot \text{m})$							

调节三相调压器使 $U_C = 0.75$，$U_{CN} = 165$ V，重复上述实验，记录电动机转速 n 及转矩 T 并填入表 2 – 38 中。

表 2 – 38　机械特性测定实验数据（二）（$U_1 = 127$ V，　$U_C = 165$ V）

$N/(\text{r} \cdot \text{min}^{-1})$							
$T/(\text{N} \cdot \text{m})$							

2）测定调节特性

接通交流电源，调节 900 Ω 三相可调电阻 R_3，使 V_1 指示为 127 V。调节三相调压器，使 V_3 指示为 220 V。调节测功机负载使电动机输出转矩 $T = 0.03$ N·m，保持 $U_1 = 127$ V 及 $T = 0.03$ N·m 不变，逐渐减小 U_C 的值，记录电动机转速 n 及控制绕组电压 U_C 并填入表 2 – 39 中。

表 2 – 39　测定调节特性实验数据（一）（$U_1 = 127$ V，　$T = 0.03$ N·m）

$n/(\text{r} \cdot \text{min}^{-1})$							
U_C/V							

测功机的负载控制开关扳向"突减负载"，调节 $U_1 = 127$ V、$U_C = 220$ V，逐渐减小 U_C 的值，记录电动机空载转速 n 及电压 U_C 并填入表 2 – 40 中。

表 2 – 40　测定调节特性实验数据（二）（$U_1 = 127$ V，$T = 0$）

$n/(\text{r} \cdot \text{min}^{-1})$							
U_C/V							

六、实验报告

（1）根据幅值控制实验测得的数据，作出交流伺服电动机的机械特性 $n=f(t)$ 和调节特性 $n=f(U_C)$ 曲线。

（2）根据幅值－相位控制实验测得的数据，作出交流伺服电动机的机械特性 $n=f(T)$ 和调节特性 $n=f(U_C)$ 曲线。

（3）分析实验过程中发生的现象。

实验十二

直流伺服电动机实验

一、实验目的

(1) 通过实验测出直流伺服电动机的参数 R_A、K_e、K_T。

(2) 掌握直流伺服电动机的机械特性和调节特性的测量方法。

(3) 测直流伺服电动机的机电时间常数,求传递函数。

二、预习要点

(1) 对于直流伺服电动机有什么技术要求?

(2) 直流伺服电动机有几种控制方式?

(3) 什么是直流伺服电动机的机械特性和调节特性?

三、实验项目

(1) 用伏安法测出直流伺服电动机的电枢绕组电阻 R_A。

(2) 保持 $U_F = U_{FN} = 220$ V,分别测取当 $U_A = 220$ V 及 $U_A = 110$ V 时的机械特性 $n = f(T)$。

(3) 保持 $U_F = U_{FN} = 220$ V,分别测取当 $T_2 = 0.8$ N·m 及 $T_2 = 0$ 时的调节特性 $n = f(U_A)$。

(4) 测直流伺服电动机的机电时间常数。

四、实验设备

(1) 教学实验台主控制屏;

(2) 电机导轨、测功机及转速转矩测量设备;

(3) 直流并励电动机 M03;

(4) 直流电机仪表、电源;

(5) 三相可调电阻 900 Ω;

(6) 三相可调电阻 90 Ω;

(7) 直流电压表、直流毫安表、直流安培表;

(8) 波形测试及开关板。

五、实验内容

1. 用伏安法测电枢绕组的相电阻 R_A

实验电路如图 2 – 30 所示,各元件说明如下。

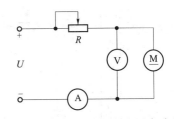

图 2 – 30　测电枢绕组的相电阻实验电路

U:直流可调稳压电源;

R:1 800 Ω 磁场调节电阻;

V:直流电压表;

A:直流安培表;

M:直流电动机电枢。

(1) 经检查接线无误后,逆时针调节磁场调节电阻 R 至最大。直流电压表量程选为 300 V 挡,直流安培表量程选为 2 A 挡。

(2) 按顺序按下主控制屏绿色闭合按钮开关、直流可调稳压电源的船形开关及复位开关,建立直流电源,并调节直流电源至 220 V 输出。

调节 R 使电枢电流达到 0.2 A(如果电流太大,则可能由于剩磁的作用使电动机转子旋转,测量无法进行;如果此时电流太小,则可能由于接触电阻而产生较大的误差),迅速测取电动机电枢两端电压 U_M 和电流 I_A。将电动机转子分别旋转三分之一周和三分之二周,同样测取 U_M、I_A,填入表 2 – 41 中。取 3 次测量的平均值作为实际冷态电阻值 $R_A = \dfrac{R_{A1} + R_{A2} + R_{A3}}{3}$。

表 2 – 41　测量电枢绕组的相电阻实验数据(室温＿＿＿℃)

序号	U_M/V	I_A/A	R/Ω		R_{Aref}/Ω
1			R_{A1}		
2			R_{A2}	R_A	
3			R_{A3}		

(3) 计算基准工作温度时电枢绕组的相电阻值。

由实验测得电枢绕组的相电阻值,此值为实际冷态电阻值,冷态温度为室温。按下式换算到基准工作温度时的电枢绕组的相电阻值为

$$R_{Aref} = R_A \frac{235 + \theta_{ref}}{235 + \theta_A}$$

式中　R_{Aref}——基准工作温度时电枢绕组的相电阻(Ω);

R_A——电枢绕组的实际冷态电阻(Ω);

θ_{ref}——基准工作温度(℃),对于 E 级绝缘为 75℃;

θ_A——实际冷态时电枢绕组的温度(℃)。

2. 测直流伺服电动机的机械特性

实验电路如图 2 – 31 所示,各元件说明如下。

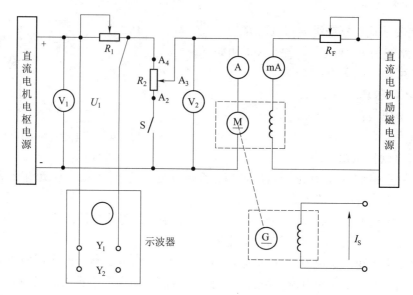

图 2-31 直流伺服电动机实验电路

R_1:180 Ω 电阻;

R_F:900 Ω 电阻;

R_2:采用 900 Ω 电阻,为电位器接法;

S:单刀单掷开关;

M:直流伺服电动机 M03;

G:涡流测功机;

I_S:电流源,由"转矩设定"电位器进行调节。实验开始时,将"转速控制"和"转矩控制"选择开关扳向"转矩控制","转矩设定"电位器逆时针旋到底;

V_1:直流可调稳压电源自带的电压表;

V_2:直流电压表,量程为 300 V 挡;

A:直流可调稳压电源自带的安培表;

mA:直流毫安表,位于直流电机励磁电源处。

(1) 操作前先把 R_1 置最大值处,R_F 置最小值处,R_2 逆时针调到底,使 $U_{A_3A_4}$ 的电压为零,并且开关 S 断开,测功机的励磁电流调到最小。

(2) 接通直流电机励磁电源。

(3) 接通直流稳压电源(作为直流电机电枢电源),电动机运转后把 R_1 调到最小,调节电枢绕组两端的 $U_A = U_N = 220$ V,并保持不变。

(4) 调节测功机负载,使电动机输出转矩增加,并调节 R_F,使 $n = 1\ 600$ r/min、$I_A = I_{AN}$,此时电动机励磁电流为额定电流。

保持此额定电流不变,调节测功机负载,记录空载到额定负载的 T、n、I_A,并填入表 2-42 中。

表 2 - 42　测直流伺服电动机机械特性实验数据(一)($U_F = U_{FN} = 220$ V,　$U_A = U_N = 220$ V)

$T/(\text{N} \cdot \text{m})$						
$n/(\text{r} \cdot \text{min}^{-1})$						
I_A/A						

(5) 调节直流可调稳压电源,使 $U_A = 0.5$、$U_N = 110$V,重复上述实验步骤,记录空载到额定负载的 T、n、I_A,并填入表 2 - 43 中。

表 2 - 43　测直流伺服电动机机械特性实验数据(二)($U_F = U_{FN} = 220$ V,　$U_A = 0.5U_N = 110$ V)

$T/(\text{N} \cdot \text{m})$						
$n/(\text{r} \cdot \text{min}^{-1})$						
I_A/A						

3. 测直流伺服电动机的调节特性

按上述方法启动电动机,电动机运转后,调节电动机轴上的输出转矩 $T = 0.8$ N · m,保持该转矩及 $I_F = I_{FN}$ 不变,调节直流可调稳压电源(或 R_1 阻值)使 U_A 从 U_N 值逐渐减小,记录电动机的 n、U_A、I_A 并填入表 2 - 44 中。

表 2 - 44　测直流伺服电动机调节特性实验数据(一)($U_F = U_{FN} = 220$ V,　$T = 0.8$ N · m)

$n/(\text{r} \cdot \text{min}^{-1})$						
U_A/V						
I_A/A						

断开电动机和测功机的连接,仍保持 $I_F = I_{FN}$,在电动机空载状态时,调节直流可调稳压电源(或 R_1 阻值),使 U_A 从 U_N 逐渐减小,记录电动机的 n、U_A、I_A 并填入表 2 - 45 中。

表 2 - 45　测直流伺服电动机调节特性实验数据(二)($U_F = U_{FN} = 220$ V,　$T = 0$)

$n/(\text{r} \cdot \text{min}^{-1})$						
U_A/V						
I_A/A						

3*. 测直流伺服电动机的机电时间常数

先接通励磁电源,调节 R_F,使 $I_F = I_{FN}$,再接通直流可调稳压电源,并调节输出电压,使电动机能启动运转。利用数字示波器拍摄直流伺服电动机空载启动时的电时间常数 τ_e 和机械时间常数 τ_m,从而求出传递函数。

4. 测直流伺服电动机空载始动电压

操作前先把 R_1、R_F 置最小值处,R_2 顺时针调到底,使 $U_{A_2A_3}$ 的电压为零,并且开关 S 闭合,再断开测功机的励磁电流源。

启动电动机前先接通励磁电源，调节 $U_F = 220$ V，再接通电枢电源，调节 R_2，使输出电压缓慢上升，直到电动机转子开始连续转动，这时的电压即为空载始动电压 U_A。

正、反两个方向各做 3 次，取其平均值作为该电动机始动电压，将数据记录于表 2 – 46 中。

表 2 – 46   测直流伺服电动机空载始动电压实验数据   V

次数	1	2	3	平均
正向 U_A				
反向 U_A				

六、实验报告

（1）根据实验记录，计算 75 ℃时电枢绕组的相电阻 $R_{A75℃}$ 及 K_e、K_T 等参数。

（2）根据实验测得的数据，作出电枢控制时电动机的机械特性 $n = f(t)$ 和调节特性 $n = f(U_A)$ 曲线，并求出电动机空载时的始动电压。

（3）分析实验数据及现象。

实验十三

永磁式直流测速发电机

一、实验目的

（1）掌握永磁式直流测速发电机的测速原理和测速方法。

（2）学会绘制 $U = f(n)$ 曲线。

二、实验原理

测速发电机是一种测量转速信号的元件，它将转入的机械转速变换为电压信号转出，且转出电压与转速成正比；在自动控制系统中用作测量元件和反馈元件，用以测量、调节和稳定转速。

测速发电机有交、直流两大类，交流测速发电机有异步和同步之分，直流测速发电机根据励磁方式不同，又可分为永磁式和他励磁式。本处使用的是永磁直流测速发电机。

三、实验设备

（1）教学实验台主控制屏；

（2）电机导轨、测功机及转速转矩测量仪器；

（3）直流并励电动机 M03；

（4）直流电机仪表、电源；

（5）三相可调电阻 900 Ω；

（6）三相可调电阻 90 Ω；

（7）直流电压表、直流毫安表、直流安培表；

（8）波形测试及开关板；

（9）永磁式直流测速发电机；

三、实验内容

（1）按图 2-32 接线。图中直流电动机 M 选用 M03 作他励接法，TG 选用导轨上的永磁式直流测速发电机，R_{F1} 选用 3 000 Ω 阻值，R_1 选用 100 Ω 阻值，R_Z 选用 6 只 900 Ω 电阻串联共 5 400 Ω，并把 R_{F1} 调至最小、R_1 调至最大、R_Z 调至最大，表 A 选用 20 mA 挡，开关 S 断开。

（2）先接通直流电机励磁电源，再接通电枢电源（直流可调稳压电源），电动机 M 运行后将 R_1 调至最小，并调节转速达 2 000 r/min，减小电枢电源输出电压并调节 R_1 和 R_{F1}，逐渐使电动机减速,记录对应的转速和输出电压。

(3)共测取8~9组,记录于表2-47中。

(4)合上开关S,重复上述步骤,记录8~9组数据于表2-48中。

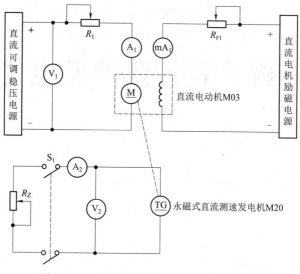

图2-32 永磁式直流测速发电机实验电路

表2-47 永磁式直流测速发电机实验数据(一)(开关S断开)

$n/(\mathrm{r \cdot min^{-1}})$										
U/V										

表2-48 永磁式直流测速发电机实验数据(二)(开关S闭合)

$n/(\mathrm{r \cdot min^{-1}})$										
U/V										

四、实验报告

因为

$$U = E_0 - I_A R_A = E_0 - U R_A / R_Z$$

所以有

$$U = E_0 / (1 + R_A / R_Z) = C_e \varphi_n / (1 + R_A / R_Z)$$

式中 R_A——电枢回路总电枢;

R_Z——负载电阻;

$E_0 = C_e \varphi_n$——电枢总电势。

绘制 $U = f(n)$ 曲线。

五、思考题

(1)永磁式直流测速发电机的误差主要由哪些因素造成?

(2)永磁式直流测速发电机在自动控制系统中主要起什么作用?

实验十四

三相鼠笼式异步电动机的点动和自锁控制电路

一、实验目的

（1）熟悉三相鼠笼式异步电动机单方向启动停止和点动控制电路中各电器元件的使用方法及其在电路中所起的作用。

（2）掌握三相鼠笼式异步电动机单方向启动停止和点动控制电路的工作原理、接线方法、调试及故障排除的技能。

二、实验原理

三相鼠笼式异步电机由于结构简单、性价比高、维修方便等优点，获得了广泛的应用。在工农业生产中，经常采用继电接触控制系统，对中、小功率鼠笼式异步电动机进行直接启动，其控制电路由继电器、接触器、按钮等有触头的电器组成。

某些生产机械在安装或维修后常常需要所谓的"点动"控制。图 2-33 所示为点动控制电路，图中主回路可不接热继电器。当按下起动按钮 SB_2 时，电动机转动；松开按钮后，由于按钮自动复位，电动机停转。点动启停的时间长短由操作者手动控制。

除点动外，电动机更多地工作于连续转动状态，图 2-34(a) 所示为单向连续旋转控制电路，此时主回路上应装设热继电器作长期过载保护。当按下启动按钮 SB_2 时，电动机转动，按下停止按钮 SB_1，电动机停转。如图 2-34(b) 所示的控制电路可实现点动和连续旋转两种工作状态，SB_2 为电动机连续工作启动按钮，SB_3 为电动机点动启动按钮，SB_1 为电动机停止按钮。

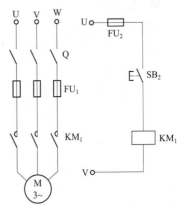

图 2-33　三相鼠笼式异步电动机点动控制电路

三、实验项目

（1）三相鼠笼式异步电动机点动控制电路。

（2）三相鼠笼式异步电动机单方向连续旋转控制电路。

（3）三相鼠笼式异步电动机点动及单方向连续旋转复合控制电路。

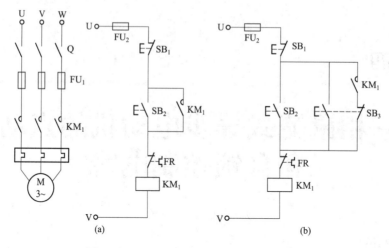

图 2-34 三相鼠笼式异步电动机控制电路

（a）三相鼠笼式异步电动机单向连续旋转控制电路；

（b）三相鼠笼式异步电动机点动及单向连续旋转复合控制电路

四、实验设备

（1）教学实验台主控制屏；

（2）继电接触箱；

（3）三相鼠笼式异步电动机 M04。

五、实验内容

1）接线前检查

检查各实验设备外观及质量是否良好。

2）三相鼠笼式异步电动机点动控制实验

如图 2-35 所示为三相鼠笼式异步电动机点动控制电路，先接主回路，再接控制回路。自己检查无误并经指导教师检查认可后方可合闸通电，进行后续实验。

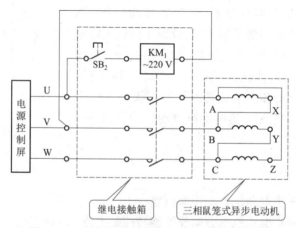

图 2-35 三相鼠笼式异步电动机点动控制电路

（1）合上控制屏的漏电断路器,缓慢调节三相调压器的旋钮,同时观察端电源控制屏的指针式电压表,当电压为 220 V 时,合上绿色闭合按钮开关,此时 U、V、W 端输出交流电压。

（2）按下启动按钮 SB_2,观察电动机工作情况,体会点动操作(注意,操作次数不宜过多过频繁)。

（3）按下控制屏的红色按钮开关,断开 U、V、W 端的输出电压,并断开漏电断路器。

3）三相鼠笼式异步电动机单向连续旋转控制实验

按如图 2 - 36 所示的三相鼠笼式异步电动机单向连续旋转控制电路进行正确接线,自己检查无误并经指导教师检查认可后方可合闸通电,进行后续实验。

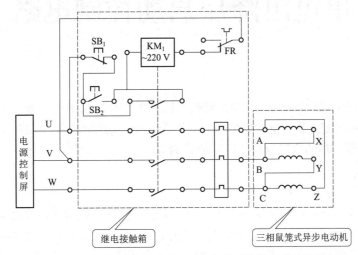

图 2 - 36　三相鼠笼式异步电动机单向连续旋转控制电路

（1）合上控制屏的漏电断路器,观察电源控制屏的指针式电压表,当电压为 220 V 时,合上绿色闭合按钮开关,此时 U、V、W 端输出交流电压。

（2）按下启动按钮 SB_2,观察电动机工作情况。

（3）按下停止按钮 SB_1,待电动机完全停转后再次按下启动按钮 SB_2,使电动机工作。

（4）手动断开热继电器 FR 常闭触头一端的导线(模拟电路中热继电器动作),观察 FR 动作对电路的影响。

（5）按下控制屏的红色按钮开关,断开 U、V、W 端的输出电压,并断开漏电断路器。

4）复合控制

参考如图 2 - 34(b)所示的三相鼠笼式异步电动机点动及单向连续旋转复合控制电路,自己进行接线,检查无误并经指导老师检查认可后方可合闸通电,进行后续实验。

六、思考题

（1）在图 2 - 34(a)中,若自锁常开触头错接成常闭触头,会发生什么现象?

（2）在图 2 - 34(b)中,说明按下按钮 SB_3 时电动机为何是点动工作?

（3）实验电路中是如何实现短路保护、过载保护、欠压保护与失压保护的?

（4）自锁控制电路在长期工作后可能出现失去自锁作用的现象,试结合有关资料分析产生的原因。

实验十五

三相鼠笼式异步机电动机定子绕组串电阻降压启动控制电路

一、实验目的

（1）了解空气阻尼式时间继电器的结构,掌握其工作原理及使用方法。

（2）掌握三相鼠笼式异步电动机星形 – 三角形降压启动控制电路的工作原理及接线方法。

（3）熟悉实验电路的故障分析及排除故障的方法。

二、实验原理

在工业生产中,有时电机容量较大不允许全压直接启动,或为了减小启动时对机械的冲击,往往利用某些设备或采用电机定子绕组换接的方法,进行降压启动。这些启动方法的实质,都是在电源电压不变的情况下,启动时减小加在电机定子绕组上的电压,以限制启动电流,但同时也减小了启动转矩,故只适用于启动转矩要求不高的场合。图 2 – 37 所示为三相鼠笼式异步电动机定子绕组串电阻降压启动控制电路,SB_1 为电动机停止按钮。电动机启动时在三相定子绕组中串入电阻,减小定子绕组上的电压降,启动结束后再将电阻短接,电动机在额定电压下正

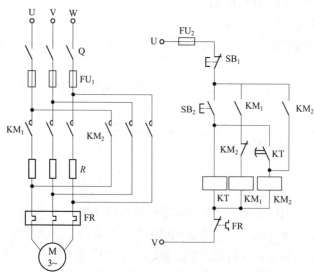

图 2 – 37　三相鼠笼式异步电机定子绕组串电阻降压启动控制电路

常运行。整个启动过程只需按一次启动按钮 SB_2，就可由时间继电器自动完成。对于正常运行时电动机定子绕组接成三角形的三相鼠笼式异步电动机，启动时均可采用星形 – 三角形启动。图2 –38所示为三相鼠笼式异步电动机星形 – 三角形降压启动控制电路，其中 SB_2 为电动机启动按钮，SB_1 为停止按钮。启动时，先将定子绕组按星形连接，接入三相交流电源，电动机以额定电压的1/1.732启动；待电动机转速接近额定转速时，再将定子绕组改接成三角形，电动机承受额定电压进入正常运转状态。

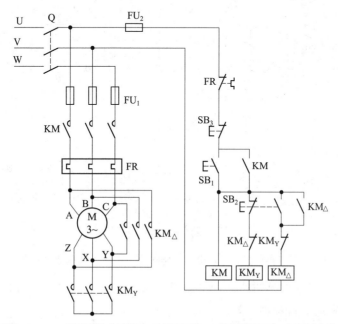

图2 –38　三相鼠笼式异步电动机星形 – 三角形降压启动控制电路

三、实验项目

（1）三相鼠笼式异步电动机定子绕组串电阻降压启动控制电路。
（2）三相鼠笼式异步电动机星形 – 三角形降压启动控制电路。

四、实验设备

（1）教学实验台主控制屏；
（2）继电接触箱；
（3）三相电阻箱；
（4）三相鼠笼式异步电动机 M04。

五、实验内容

1）接线前检查
检查各实验设备外观及质量是否良好，重点观察时间继电器的外观及使用方法。
2）实验步骤
按如图2 –39 所示三相鼠笼式异步电动机定子绕串电阻降压启动控制电路进行接线，先接主回路,再接控制回路。自己检查无误并经指导老师检查认可后方可合闸通电,进行后续实验。

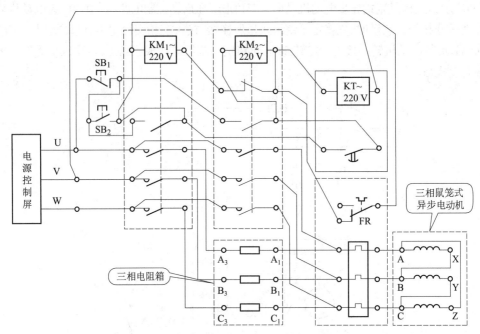

图 2-39　三相鼠笼式异步电动机定子绕组串电阻降压启动控制电路

（1）调节时间继电器的延时旋钮,使延时时间为 3 s,并把三相电阻箱的三相可调电阻器调节旋钮逆时针调到底,使阻值为最大。

（2）合上控制屏的漏电断路器,缓慢调节三相调压器的旋钮,同时观察电源控制屏的指针式电压表,当电压为 220 V 时,合上绿色闭合按钮开关,此时 U、V、W 端输出交流电压。

（3）按下启动按钮 SB_2,观察电动机及时间继电器的工作情况。

（4）按下控制屏的红色按钮开关,断开 U、V、W 端的输出电压,并断开漏电断路器。

3）未串电阻的电路实验

参考如图 2-38 所示的三相鼠笼式异步电动机星形-三角形降压启动控制电路,自己进行正确接线,检查无误并经指导老师检查认可后合闸通电,进行后续实验。

六、思考题

（1）在如图 2-37 所示的电路中,如果时间继电器的延时闭合常开触头与延时断开常闭触头接错（互换）,电路工作状态将会怎样?

（2）设计一个用断电延时时间继电器控制的星形-三角形降压启动控制电路。

（3）若在实验中发生故障,则画出故障电路,并分析故障原因。

实验十六

三相双速异步电动机变极调速控制

一、实验目的

(1) 熟悉三相双速异步电动机变极调速的优、缺点。

(2) 掌握三相双速异步电动机变极调速的接线及操作方法。

二、实验原理

在有些机床中,为了获得较宽的调速范围,采用了双速电动机。如 T68 型卧式镗床的主轴电动机,某些车床、铣床、磨床中均有应用。也有的机床采用三速、四速电动机,以获得更宽的调速范围,其原理和控制方法基本相同。这里以双速异步电动机为例进行分析。

1. 三相双速异步电动机定子绕组的连接

双速异步电动机的三相定子绕组 △/YY 连接如图 2−40 所示。其中,图 2−40(a) 为三角形(△)连接,图 2−40(b) 为双星形(YY)连接。转速的改变是通过改变定子绕组的连接方式,从而改变磁极对数来实现的,故称为变极调速。

可见,双速电动机高速运转时的转速是低速运转时的两倍。

在图 2−40(a) 中,出线端 U_1、V_1、W_1 接电源,U_2、V_2、W_2 端子悬空,绕组为三角形接法,每相绕组中两个线圈串联,成 4 个极,磁极对数 $p=2$,其同步转速 $n = \dfrac{60f}{p} = \dfrac{60 \times 50}{2} = 1\,500\,(\text{r/min})$,电动机处于低速运转状态;在图 2−40(b) 中,出线端 U_1、V_1、W_1 短接,而 U_2、V_2、W_2 接电源,绕组为双星形连接,每相

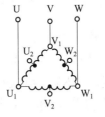

(a) 双速异步电动机的三相定子绕组 △ 接法

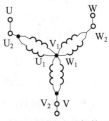

(b) 双速异步电动机的三相定子绕组 YY 接法

图 2−40 双速异步电动机的三相定子绕组 △/YY 接法

绕组中有两个线圈并联,成两个极,磁极对数 $p=1$,同步转速 $n = 3\,000$ r/min,电动机处于高速运转状态。可见,双速电动机高速运转时的转速是低速运转时的两倍。

2. 用接触器控制的三相双速异步电动机高、低速控制电路

用接触器控制的三相双速异步电动机高、低速控制电路如图 2−41 所示,其控制电路主要由两个复合按钮和 3 个接触器线圈组成。SB_2 为低速启动按钮,SB_3 为高速启动按钮。在主电路中,电动机绕组接成三角形,从 3 个顶角处引出 U_1、V_1、W_1 端,与接触器 KM_1 主触头连接;

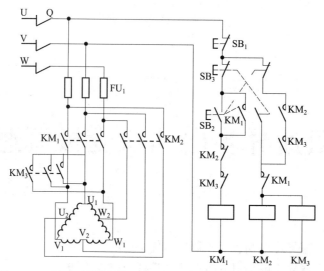

图 2-41   用接触器控制的三相双速异步电动机高、低速控制电路

在三相绕组各自的中间抽头引出 U_2、V_2、W_2 端，与接触器 KM_2 主触头连接；在 U_1、V_1、W_1 三者之间又与接触器 KM_3 主触头连接。它们的控制电路由复合按钮 SB_2、SB_3 和 KM_1、KM_3 的辅助常闭触头实现复合电气联锁。电路工作原理如下：

先合上电源开关 Q。

1）低速运转

按下低速启动按钮 SB_2。

（1）KM_1 线圈通电，KM_1 主触头闭合，电动机绕组接成三角形，电动机低速运转。

（2）KM_1 自锁触头闭合自锁。

（3）KM_1 互锁触头分断，对 KM_2、KM_3 互锁。

2）高速运转

按下高速启动按钮 SB_3。

（1）KM_1 线圈断电，KM_1 主触头分断，电动机惯性运转。

（2）KM_1 自锁触头释放断开，KM_1 互锁触头复位闭合，KM_2 互锁触头分断，对 KM_1 互锁。

（3）KM_2 线圈通电，KM_2 主触头闭合，KM_2 自锁触头闭合，KM_3 自锁触头闭合。

（4）KM_3 线圈通电，KM_3 主触头闭合，U_1、V_1、W_1 并成一点，KM_3 互锁触头分断，对 KM_1 互锁。

（5）电动机绕组接成双星形，电动机高速运转。

3. 用时间继电器控制的三相双速异步电动机自动加速控制电路

在有些场合需要电动机以三角形启动，然后自动地将转速加快到双星形运转，从启动到运转这段时间可以用延时继电器来调节，其控制电路如图 2-42 所示。该电路中的时间继电器 KT 用来调节电动机起动到运转的时间。当按下 SB_2 时，时间继电器 KT 通电，KT 的瞬时闭合常开触头立即闭合，使接触器 KM_1 通电。将电动机定子绕组接成三角形启动，并通过中间继电器 KA_1 使时间继电器 KT 通电。将电动机转子绕组接触头断开，接触器 KM_1 断电，而使接触器 KM_2 通电，电动机便自动地从三角形变成双星形运转，完成了自动加速的过程。

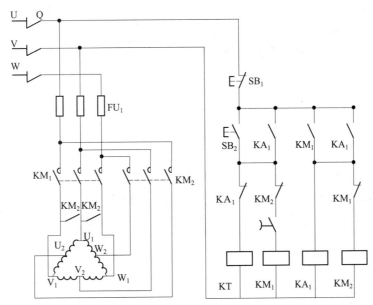

图 2-42　用时间继电器控制的三相双速异步电动机自动加速控制电路

三、实验项目

（1）用接触器控制的三相双速异步电动机高、低速控制实验。

（2）用时间继电器控制的三相双速异步电动机自动加速控制实验。

四、实验设备

（1）教学实验台主控制屏；

（2）继电接触箱；

（3）三相双速异步电动机 M11。

五、实验内容

1）接线前检查

检查各实验设备外观及质量是否良好。

2）用接触器控制的三相双速异步电动机高、低速控制实验

图 2-41 所示为用接触器控制的三相双速异步电动机高、低速控制电路，先接主回路，再接控制回路。自己检查无误并经指导教师检查认可后方可合闸通电，进行后续实验。

（1）合上三相电源开关 Q。

（2）按下低速启动按钮 SB_2，观察电动机低速运转的工作情况。

（3）按下高速启动按钮 SB_3，观察电动机高速运转的工作情况。

（4）断开三相电源开关 Q。

3）用时间继电器控制的三相双速异步电动机自动加速控制实验

图 2-42 所示为用时间继电器控制的三相双速异步电动机自动加速控制电路，先接主回

路,再接控制回路。自己检查无误并经指导教师检查认可后方可合闸通电,进行后续实验。

（1）调节时间继电器的延时按钮,使延时时间为 3 s。

（2）合上空气开关 Q,引入三相电源。

（3）按下启动按钮 SB_2,观察电动机、时间继电器及各接触器的工作情况。

（4）按下启动按钮 SB_2。

（5）按下空气开关 Q,断开三相电源。

六、思考题

（1）在图 2-42 所示电路中,时间继电器的两对常开触头分别起什么作用？

（2）分析时间继电器是如何控制三相双速异步电动机的。

（3）若实验过程中发生故障,则画出故障电路,并分析故障原因。

电子学篇

模拟电子技术实验

实验一

模电认识实验

一、实验目的

(1) 熟悉电子元器件、万用表的使用。
(2) 熟悉电路装接和简单测量。
(3) 掌握电路静态工作点的测量。

二、预习要点

(1) 三极管及单管放大电路的工作原理。
(2) 放大电路工作点测量的方法。

三、实验设备

(1) 双踪示波器;
(2) 信号发生器;
(3) 数字万用表。

四、实验内容

1. 电路装接与简单测量

(1) 用万用表判断实验箱上三极管 V 的极性和好坏,电解电容 C 的极性和好坏。

(2) 按如图 3－1 所示连接电路(注意:接线前先测量＋12 V 电源,关断电源后再连线),将 R_P 的阻值调到最大位置。

2. 静态测量与调整

(1) 接线完毕后仔细检查线路,确定无误后接通电源。改变 R_P,记录 I_C 分别为 0.5 mA、1 mA、1.5 mA 时三极管 V 的 β 值(其值较低)。特别注意 I_B 与 I_C 的测量和计算方法。

① 间接测量法。

测 I_B 和 I_C 一般可用间接测量法,即通过测 U_{CE} 和 U_{BE}、R_c 和 R_b 计算出 I_B 和 I_C(注意:图 3 - 2 所示电路中 I_B 为支路电流)。此法虽不直观,但操作较简单,建议初学者采用。

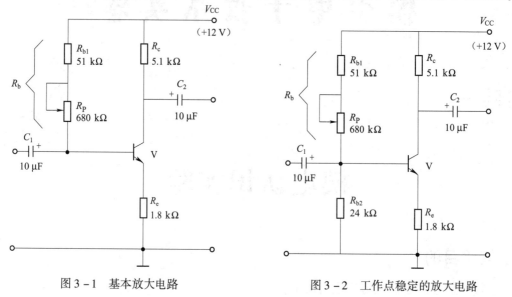

图 3 - 1 基本放大电路   图 3 - 2 工作点稳定的放大电路

② 直接测量法。

即将微安表和毫安表直接串联在基极和集电极中测量。此法虽直观,但操作不当容易损坏器件和仪表,不建议初学者采用。

(2) 按如图 3 - 2 所示接线,调整 R_P,使 $U_E = 2.2$ V,计算并填入表 3 - 1 中。

表 3 - 1 模电认识实验数据

实测			实测计算	
U_{BE}/V	U_{CE}/V	$R_b/\text{k}\Omega$	$I_B/\mu\text{A}$	I_C/mA

五、实验报告

(1) 根据所完成的实验内容,简述相应的基本原理。

(2) 根据实验结果,总结实验结论,写出内容较详细的实验报告。

实验二

单级交流放大电路

一、实验目的

(1) 掌握放大电路静态工作点的调试方法及其对放大电路性能的影响。

(2) 学习测量放大电路 Q 点,A_u,r_i,r_o 的方法,了解单级交流放大电路的特性。

(3) 学习单级交流放大电路的动态性能。

二、预习要点

(1) 三极管及单级交流放大电路的工作原理。

(2) 单级交流放大电路动态测量方法。

三、实验设备

(1) 双踪示波器;

(2) 信号发生器;

(3) 数字万用表。

四、实验内容

1. 动态研究

(1) 按图 3 – 3 所示电路接线。

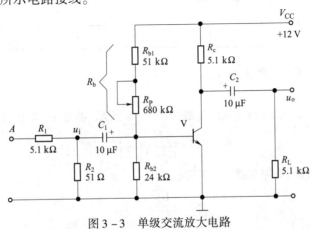

图 3 – 3　单级交流放大电路

（2）将信号发生器的输出信号调到 $f = 1$ kHz，幅值 U_i 为 500 mV，接至放大电路的 A 点，经过 R_1、R_2 衰减（100 倍），得到 5 mV 的小信号 u_i，观察 u_i 和 u_o 端波形，并比较相位。

（3）信号源频率不变，逐渐加大信号源幅度，观察 u_o 不失真时的最大值并填入表 3 – 2 中。

表 3 – 2　动态研究实验数据（一）（$R_L = \infty$）

实测		实测计算	估算
U_i/mV	U_o/V	A_u	A_u

（4）保持幅值 $U_i = 5$ mV 不变，放大器接入负载 R_L，按表 3 – 3 的要求测量，并将计算结果填入表 3 – 3 中。

表 3 – 3　动态研究实验数据（二）

给定参数		实测		实测计算	估算
$R_c/\text{k}\Omega$	$R_L/\text{k}\Omega$	U_i/mV	U_o/V	A_u	A_u
2	5.1				
2	2.2				
5.1	5.1				
5.1	2.2				

（5）$U_i = 5$ mV，$R_c = 5.1$ kΩ，不加 R_L 时，如电位器 R_P 调节范围不够，可改变 R_{b1}（5.1 kΩ 或 150 Ω），增大和减小 R_P，观察 u_o 波形变化，若失真观察不明显可增大 u_i 的幅值 U_i（> 10 mV），并重测，将测量结果填入表 3 – 4 中。

表 3 – 4　动态研究实验数据（三）

R_P	U_b	U_c	U_e	输出波形情况
最大				
合适				
最小				

2. 测量放大电路输入、输出电阻

（1）输入电阻测量。

在输入端串接一个 5.1 kΩ 电阻，电路如图 3 – 4 所示，测量 U_s 与 U_i，即可计算出 r_i。

$$r_i = \frac{U_i}{U_s - U_i} \cdot R$$

（2）输出电阻测量，电路如图 3 – 5 所示。

$$r_o = \left(\frac{U_o}{U_L} - 1\right) R_L$$

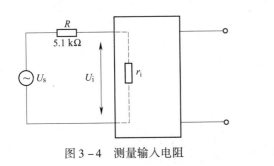

图 3 - 4　测量输入电阻

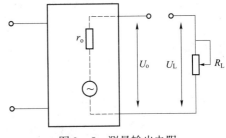

图 3 - 5　测量输出电阻

在输出端接入可调电阻作为负载,选择合适的 R_L 值使放大电路输出不失真(接示波器监视),测量带负载时的 u_L 和空载时的 u_o 的幅值,即可计算出 r_o。

将上述测量数据及计算结果填入表 3 - 5 中。

表 3 - 5　测量放大电路输入,输出电阻实验数据

测算输入电阻(设:$R_S = 5.1$ kΩ)			测算输出电阻			
实测		测算	估算	实测		测算	估算
U_s/mV	U_i/mV	$r_i/\text{k}\Omega$	$r_i/\text{k}\Omega$	U_o/V ($R_L = \infty$)	U_L/V ($R_L = 5.1$ kΩ)	$r_o/\text{k}\Omega$	$r_o/\text{k}\Omega$

五、实验报告

(1) 完成实验内容和思考题,简述相应的基本结论。

(2) 选择在实验中感受最深的一个实验项目,写出较详细的报告。要求能够使一位懂得电子电路原理但没有看过本实验指导书的人可以看懂此实验报告,并相信实验中得出的基本结论。

实验三

两级交流放大电路

一、实验目的

(1) 掌握合理设置静态工作点的方法。
(2) 学会测试两级交流放大电路的频率特性。
(3) 了解两级交流放大电路的失真及消除方法。

二、实验设备

(1) 双踪示波器；
(2) 数字万用表；
(3) 信号发生器。

三、预习要点

(1) 复习教材中有关多级放大电路的内容及频率响应特性的测量方法。
(2) 分析如图 3 – 6 所示的两级交流放大电路,初步估计测试内容的变化范围。

四、实验内容

实验电路如图 3 – 6 所示。

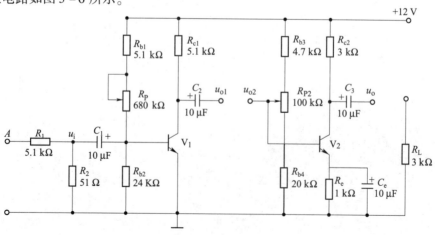

图 3 – 6　两级交流放大电路

1. 设置静态工作点

（1）按图接线，注意接线尽可能短。

（2）静态工作点的设置：要求第二级在输出波形不失真的前提下幅值尽量大，第一级为增加信噪比，工作点尽可能低。

（3）在输入 A 端接入频率为 1 kHz、幅值为 100 mV 的交流信号（一般采用实验箱上加衰减的办法，即信号源用一个较大的信号。例如 100 mV，在实验板上经 100∶1 衰减电阻衰减，降为 1 mV），使 u_{i1} 的幅值为 1 mV，调整工作点使输出信号不失真。

注意：如发现有寄生振荡，可采用以下措施消除：重新布线，尽可能走短线。可在三极管 b、e 两极间加几皮法到几百皮法的电容。信号源与放大电路用屏蔽线连接。

（4）按表 3-6 的要求测量并计算，注意测静态工作点时应断开输入信号。

表 3-6　设置静态工作点实验数据

项目	静态工作点												输入、输出电压的幅值/mA			电压放大倍数		
	第一级						第二级									第 1 级	第 2 级	整体
参数	U_{C1}	I_{C1}	U_{B1}	I_{B1}	U_{E1}	β_1	U_{C2}	I_{C2}	U_{B2}	I_{B2}	U_{E2}	β_2	r_{be2}	U_i	U_{o1}	U_{o2}	A_{u1}	A_{u2}	A_u
空载																		
负载																		

（5）接入负载电阻 $R_L=3$ kΩ，按表 3-6 的要求测量并计算，比较实验内容（4）、（5）的结果。

2. 测量两级交流放大电路的频率特性

（1）将放大器负载断开，先将输入信号频率调到 1 kHz，幅值调到使输出幅值最大而不失真时的值。

（2）保持输入信号的幅值不变，改变频率，按表 3-7 测量并记录，接上负载，重复上述实验。

表 3-7　测量两级放大电路的频率特性实验数据（$U_i=0.5$ mV）

	f/Hz	50	100	250	500	1 000	2 500	5 000	10 000	20 000
U_o	$R_L=\infty$									
	$R_L=3$ kΩ									

五、实验报告

（1）整理实验数据，分析实验结果。

（2）画出实验电路的频率特性简图，标出 f_H 和 f_L。

（3）写出增加频率范围的方法。

实验四

负反馈放大电路

一、实验目的

(1) 研究负反馈对放大电路性能的影响。

(2) 掌握负反馈放大电路性能的测试方法。

二、实验设备

(1) 双踪示波器;

(2) 信号发生器;

(3) 数字万用表。

三、预习要点

(1) 认真阅读实验内容的要求,估计待测量内容的变化趋势。

(2) 设图 3-7 所示电路中各晶体管 β 值均为 40,计算该负反馈放大电路开环和闭环电压放大倍数。

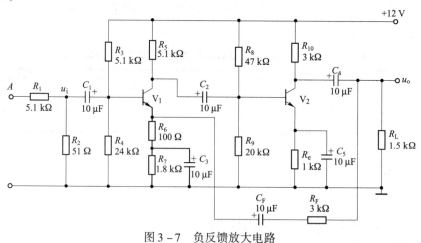

图 3-7 负反馈放大电路

四、实验内容

1. 负反馈放大电路开环和闭环放大倍数的测量

1) 开环电路

（1）按图接线，R_F 先不接入。

（2）输入端接入幅值 $U_i = 1\text{ mV}$、$f = 1\text{ kHz}$ 的正弦波信号 u_i（注意：输入的 1 mV 信号采用输入端衰减法输入）。调整接线和参数使输出不失真且无振荡。

（3）按表 3 – 8、表 3 – 9 的要求进行测量并填入数据。

（4）根据实测值计算开环放大倍数和输出电阻 r_o。

2）闭环电路

（1）接通 R_F 和 C_F，按实验内容 1）的要求调整电路。

（2）按表 3 – 9 的要求测量并填入数据，计算 A_{uF}。

（3）根据实测结果，验证 $A_{uF} \approx \dfrac{1}{F}$。

表 3 – 8　开环各项参数实验数据（不加 R_L）

参数	$I_B/\mu A$	I_C/mA	β	r_{be}/Ω
V_1				
V_2				

表 3 – 9　开环、闭环各项参数实验数据

参数		$R_L/\text{k}\Omega$	U_{i1}/mV	U_o/mV	A_u/A_{uF}	u_{i2}/mV	A_{u1}/A_{uF1}	A_{u2}/A_{uF2}
开环		∞						
		$1.5\text{ k}\Omega$						
闭环		∞						
		$1.5\text{ k}\Omega$						

2. 负反馈对失真的改善作用

（1）将图 3 – 7 所示电路开环，逐步加大 u_i 的幅值，使输出信号出现失真（注意不要过分失真），记录失真波形的幅值。

（2）将电路闭环，观察输出情况，并适当增加 u_i 的幅值，使输出幅值接近开环时失真波形的幅值。

（3）若 $R_F = 3\text{ k}\Omega$ 不变，但 R_F 接入 V_1 的基极，此时电路会出现什么情况？通过实验验证。

（4）画出上述各步实验的波形。

3. 测量负反馈放大电路频率特性

（1）将图 3 – 7 所示电路先开环，选择适当的 u_i 的幅值，保持不变并调节频率使输出信号在示波器上有最大显示。

（2）保持输入信号的幅值不变，逐步增加频率，直到波形减小为原来的 70%，此时的信号频率即为放大电路的 f_H。

（3）条件同上，但逐渐减小频率，测得 f_L。

（4）将电路闭环，重复（1）～（3）步骤，并将结果填入表 3 – 10 中。

表 3 – 10 测量负反馈放大电路频率特性实验数据

频率	f_H/Hz	f_L/Hz
开环		
闭环		

五、实验报告：

（1）将实验值与理论值进行比较，分析误差原因。

（2）根据实验内容，总结负反馈对放大电路的影响。

射极跟随电路

一、实验目的

(1) 掌握射极跟随电路的特性及测量方法。

(2) 进一步学习放大电路各项参数的测量方法。

二、实验设备

(1) 双踪示波器;

(2) 信号发生器;

(3) 数字万用表。

三、预习要点

(1) 参照教材有关章节内容,熟悉射极跟随电路的原理及特点。

(2) 根据图 3 – 8 所示电路中的元器件参数,估算静态工作点,画出交、直流负载线。

四、实验内容

射极跟随电路如图 3 – 8 所示。

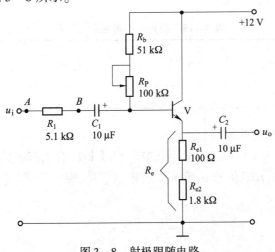

图 3 – 8　射极跟随电路

1. 静态工作点的调整

将电源 + 12 V 接上,在 B 点加入 $f = 1$ kHz 的正弦波信号,输出端用示波器监视,反复调整 R_P 及信号源的输出幅值,直至在示波器屏幕上得到一个最大不失真波形。然后断开输入信号,用万用表测量晶体管各极电压,即为该放大器静态工作点,将所测数据填入表 3 – 11 中。

表 3 – 11　静态工作点的调整实验数据

U_E/V	U_B/V	U_C/V	I_E/mA	R_P/kΩ	I_B/μA	β	r_{be}/Ω

2. 测量电压放大倍数

接入负载 $R_L = 1$ kΩ。在 B 点加入 $f = 1$ kHz 的正弦波信号,调输入信号的幅值(此时偏置电位器 R_P 不变),用示波器观察,在输出最大不失真情况下测 U_i 和 U_{R_L} 的值,将所测数据填入表 3 – 12 中。

表 3 – 12　测量电压放大倍数实验数据

U_i/V	U_{R_L}/V	$A_u = \dfrac{U_{R_L}}{U_i}$	A_u 估算值($R_L = 1$ kΩ)

3. 测量输出电阻

在 B 点加入 $f = 1$ kHz 的正弦波信号,幅值 $U_i = 100$ mV 左右,接上负载 $R_L = 2.2$ kΩ,用示波器观察输出波形,测量空载时输出电压 u_o 的幅值 $U_o(R_L = \infty)$,加负载时输出电压 U_{R_L} 的幅值 $U_{R_L}(R_L = 2.2$ kΩ)的值,则

$$r_o = \left(\frac{U_o}{U_{R_L}} - 1 \right) R_L$$

将所测数据填入表 3 – 13 中。

表 3 – 13　测量输出电阻实验数据

U_i/mV	U_o/mV	U_{R_L}/mV	$r_o = \left(\dfrac{U_o}{U_L} - 1 \right) R_L$/Ω	r_o(估算值)/Ω

4. 测量输入电阻(采用换算法)

在输入端串入 $R_S = 5.1$ kΩ 的电阻,A 点加入 $f = 1$ kHz 的正弦波信号,用示波器观察输出波形,用毫伏表分别测 A、B 点信号 u_s、u_i 的幅值 U_s、U_i,则

$$r_i = \frac{U_i}{U_s - U_i} \cdot R_S = \frac{R_S}{\dfrac{U_s}{U_i} - 1}$$

将测量数据填入表 3 – 14 中。

表 3 – 14 测量输入电阻实验数据

U_s/V	U_i/V	$r_i = \dfrac{R_s}{\dfrac{U_s}{U_i} - 1}$	r_i(估算值)/Ω

5. 测量电路的跟随特性及输出电压峰峰值

接入负载 $R_L = 2.2\ k\Omega$,在 B 点加入 $f = 1\ kHz$ 的正弦波信号,逐点增大输入信号 u_i 的幅值 U_i,用示波器监视输出端。在波形不失真时,测量对应的 U_{R_L} 值,计算出 A_u,并用示波器测量输出电压的峰峰值 V_{oPP},与电压表读出的对应输出电压的有效值进行比较,将所测数据填入表 3 – 15 中。

表 3 – 15 测量电路的跟随特性及输出电压峰峰值实验数据

参数	1	2	3	4
U_i				
U_{R_L}				
V_{oPP}				
A_u				

五、实验报告

(1)绘出实验原理电路,标明实验所用的元器件参数。

(2)整理实验数据并说明实验中出现的各种现象,得出有关的结论,画出必要的波形。

(3)将实验结果与理论计算值进行比较,分析产生误差的原因。

实验六

差动放大电路

一、实验目的

(1) 熟悉差动放大电路的工作原理。

(2) 掌握差动放大电路的基本测试方法。

二、实验设备

(1) 双踪示波器;

(2) 数字万用表;

(3) 信号发生器。

三、预习要点

(1) 计算图 3 - 9 所示电路的静态工作点(设 $r_{bc} = 3 \text{ k}\Omega$, $\beta = 100$)及电压放大倍数。

(2) 在图 3 - 9 基础上画出单端输入和共模输入的电路。

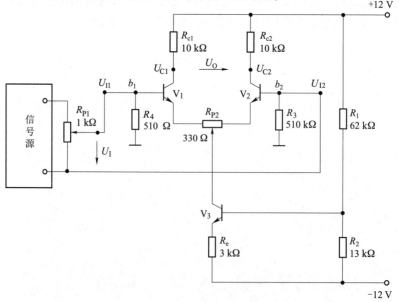

图 3 - 9 差动放大电路

四、实验内容

差动放大电路如图 3-9 所示。

1. 测量静态工作点

1）调零

将输入端短路并接地，接通双极性电源 +12 V 和 -12 V，调节电位器 R_{P2} 使双端输出电压 $U_0 = 0$。

2）测量静态工作点

测量 V_1、V_2、V_3 各极电压并填入表 3-16 中。

表 3-16　测量静态工作点实验数据　　　　　　　　　　　　　　V

U_{C1}	U_{C2}	U_{C3}	U_{B1}	U_{B2}	U_{B3}	U_{E1}	U_{E2}	U_{E3}

2. 测量差模电压放大倍数

在输入端加入直流电压信号 $U_{ID} = \pm 0.1$ V，按表 3-17 的要求测量并记录数据，由测量数据算出单端和双端输出的电压放大倍数。注意：先将 DC 信号源 OUT1 和 OUT2 分别接入 U_{I1}，和 U_{I2} 端，然后调节 DC 信号源，使其输出为 +0.1 V 和 -0.1 V。

3. 测量共模电压放大倍数

将输入端 b_1、b_2 短接，接到信号源的输入端，信号源另一端接地。DC 信号分先后接 OUT1 和 OUT2，分别测量并填入表 3-17 中。由测量数据算出单端和双端输出的电压放大倍数。进一步算出共模抑制比 $CMRR = \left| \dfrac{A_D}{A_C} \right|$。

表 3-17　测量差模、共模电压放大倍数实验数据

测量值及计算值 输入信号 U_I	差模输入						共模输入						共模抑制比
	测量值/V			计算值			测量值/V			计算值			计算值
	U_{C1}	U_{C2}	$U_{O双}$	A_{D1}	A_{D2}	$A_{D双}$	U_{C1}	U_{C2}	$U_{O双}$	A_{C1}	A_{C2}	$A_{C双}$	$CMRR$
+0.1 V													
-0.1 V													

4. 单端输入的差动放大电路实验

在实验板上组成单端输入的差动放大电路并进行下列实验。

（1）将图 3-9 所示电路中的 b_2 接地，组成单端输入差动放大电路，从 b_1 端输入直流信号 $U = \pm 0.1$ V，测量单端及双端输出，填表 3-18 记录电压值。计算单端输入时的单端输出及双端输出的电压放大倍数，并与双端输入时的单端输出及双端输出的电压放大倍数进行比较。

表 3-18　单端输入的差动放大电路实验

测量值及计算值 输入信号	电压值			双端输出 放大倍数 A_u	单端输出放大倍数	
	U_{C1}	U_{C2}	U_O		A_{u1}	A_{u2}
+0.1 V						
-0.1 V						
正弦信号(50 mV、1 kHz)						

（2）从 b_1 端加入正弦交流信号，其幅值 $U_i = 0.05$ V，频率 $f = 1$ kHz，分别测量、记录单端输出及双端输出的电压，填入表 3 – 18 中，并计算单端输出及双端输出的电压放大倍数。

注意：输入交流信号时，用示波器监视 u_{c1}、u_{c2} 波形，若有失真现象，可减小输入电压的幅值，直至 u_{c1}、u_{c2} 都不失真为止。

五、实验报告

（1）根据实验数据计算图 3 – 9 所示电路的静态工作点，与预习计算结果相比较。

（2）整理实验数据，计算各种接法的 A_D，并与理论计算值相比较。

（3）总结差动放大电路的性能和特点。

比例、求和运算电路

一、实验目的

（1）掌握用集成运算放大电路组成的比例、求和运算电路的特点及性能。

（2）学会上述电路的测试和分析方法。

二、实验设备

（1）数字万用表；

（2）双踪示波器；

（3）信号发生器。

三、预习要点

（1）计算表 3 – 19 中的 U_0 和 A_F 值。

（2）估算表 3 – 21 的理论值。

（3）估算表 3 – 22、表 3 – 23 中的理论值。

（4）计算表 3 – 24 中的 U_0 值。

（5）计算表 3 – 25 中的 U_0 值。

四、实验内容

1. 电压跟随电路

电压跟随电路如图 3 – 10 所示，按表 3 – 19 的内容进行实验并记录数据。

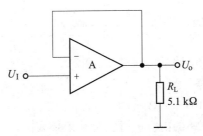

图 3 – 10　电压跟随电路

表 3 - 19 　电压跟随电路实验数据

直流输入电压 U_I/V		-2	-0.5	0	+0.5	1
输出电压 U_O/V	$R_L = \infty$					
	$R_L = 5.1\ \text{k}\Omega$					

2. 反相比例运算放大电路

反相比例运算放大电路如图 3 - 11 所示。

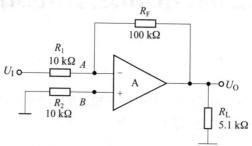

图 3 - 11 　反相比例运算放大电路

（1）按表 3 - 20 的内容进行实验并记录数据，此时先不接入 R_L。

表 3 - 20 　反相比例运算放大电路实验数据（一）

直流输入电压 U_I/mV		30	100	300	1 000	3 000
输出电压 U_O	理论估算值/V					
	实际值/V					
	误差/mV					

（2）按表 3 - 21 的内容进行实验并记录数据，此时先不接入 R_L。

表 3 - 21 　反相比例运算放大电路实验数据（二）

测量项目	测试条件	理论估算值	实测值
ΔU_O	R_L 开路，直流输入信号 U_I 由 0 变为 800 mV		
ΔU_{AB}			
ΔU_{R_2}			
ΔU_{R_1}			
ΔU_{OL}	R_L 由开路变为 5.1 kΩ，U_I = 800 mV		

（3）测量如图 3 - 11 所示电路的上限截止频率。

3. 同相比例运算放大电路

同相比例运算放大电路如图 3 - 12 所示。

（1）按表 3 - 22 和表 3 - 23 的内容进行实验并记录数据。

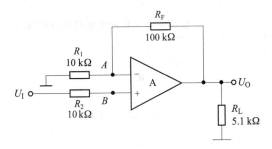

图 3 – 12　同相比例运算放大电路

表 3 – 22　同相比例运算放大电路实验数据（一）

直流输入电压 U_I/mV		30	100	300	1 000	3 000
输出电压 U_0	理论估算/V					
	实际值/V					
	误差/mV					

表 3 – 23　同相比例运算放大电路实验数据（二）

	测试条件	理论估算值	实测值
ΔU_O			
ΔU_{AB}	R_L 开路，直流输入信号		
ΔU_{R_2}	U_I 由 0 变为 800 mV		
ΔU_{R_1}			
ΔU_{OL}	R_L 由开路变为 5.1 kΩ，$U_I = 800$ mV		

（2）测出如图 3 – 12 所示电路的上限截止频率。

4. 反相求和运算放大电路

反相求和运算放大电路如图 3 – 13 所示。按表 3 – 24 的内容进行实验，并与预习的计算结果进行比较。

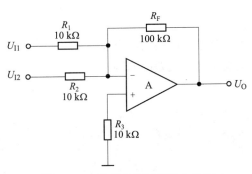

图 3 – 13　反相求和运算放大电路

表 3 − 24　反相求和运算放大电路实验数据

U_{I1}/V	0.3	− 0.3
U_{I2}/V	0.2	0.2
U_O/V		
U_O(估算)/V		

5. 双端输入求和运算放大电路

双端输入求和运算放大电路如图 3 − 14 所示。

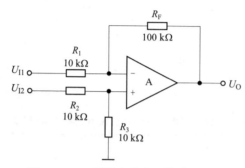

图 3 − 14　双端输入求和运算放大电路

按表 3 − 25 的内容进行实验并记录数据。

表 3 − 25　双端输入求和运算放大电路实验数据

U_{I1}/V	1	2	0.2
U_{I2}/V	0.5	1.8	− 0.2
U_O/V			
U_O(估算)/V			

五、实验报告

（1）总结本实验中 5 种运算放大电路的特点及性能。
（2）分析理论计算值与实验结果误差的原因。

积分电路与微分电路

一、实验目的

(1) 学会用运算放大器组成积分电路与微分电路。

(2) 学会积分电路与微分电路的特点及性能。

二、实验设备

(1) 数字万用表;

(2) 信号发生器;

(3) 双踪示波器。

三、预习要点

1. 分析如图 3 – 15 所示电路,若输入正弦波,则 u_o 与 u_i 的相位差是多少?当输入信号的频率为 100 Hz,有效值为 2 V 时,u_o 的幅值 U_o 为多少?

2. 分析图 3 – 16 所示电路,若输入方波,则 u_o 与 u_i 的相位差是多少?当输入信号的频率为 160 Hz,幅值为 1 V 时,u_o 的幅值 U_o 为多少?

3. 拟定实验步骤和实验数据表格。

四、实验内容

1. 积分电路

积分电路如图 3 – 15 所示。

(1) 输入直流信号 – 1 V,断开开关 K(开关 K 用一根导线代替,拔出导线一端则为断开),用示波器观察 u_o 的变化。

(2) 测量饱和输出电压及有效积分时间。

(3) 使图 3 – 15 中积分电容改为 0.1 μF,在积分电容两端并接 100 kΩ 电阻,断开 K,u_i 分别输入频率为 100 Hz,幅值为 1 V($V_{PP} = 2$ V)的正弦波信号和方波信号,观察和比较 u_i 与 u_o 的幅值及相位关系,并记录波形。

(4) 改变信号频率(20 ~ 400 Hz),观察 u_i 与 u_o 的相位、幅值的变化。

2. 微分电路

微分电路如图 3 – 16 所示。

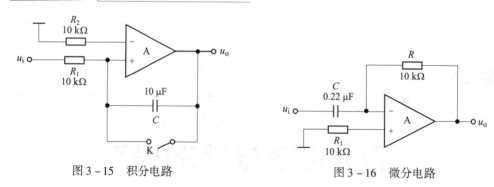

图 3 – 15　积分电路

图 3 – 16　微分电路

（1）输入正弦波信号,频率 $f = 160$ Hz,有效值为 1 V,用示波器观察 u_i 与 u_o 波形并测量输出电压的幅值 U_o。

（2）改变正弦波信号的频率(20 ~ 400 Hz),观察 u_i 与 u_o 的相位、幅值变化情况并记录。

（3）输入方波信号,频率 $f = 200$ Hz,幅值为 200 mV($V_{PP} = 400$ mV),在微分电容左端接入 400 Ω 左右的电阻(通过调节 1 kΩ 电位器得到),用示波器观察 u_o 波形;按上述步骤(2)重复实验。

（4）输入方波信号,频率 $f = 200$ Hz,幅值为 200 mV($V_{PP} = 400$ mV),调节微分电容左端接入的1 kΩ 电位器,观察 u_i 与 u_o 的波形变化情况并记录。

3. 积分 – 微分电路

实验电路如图 3 – 17 所示。

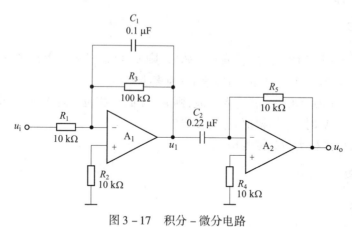

图 3 – 17　积分 – 微分电路

（1） u_i 为 $f = 200$ Hz,幅值为 6 V 的方波信号,用示波器观察 u_i 和 u_o 的波形并记录。

（2）将 f 改为 500 Hz,重复上述实验。

五、实验报告

（1）整理实验中的数据及波形,总结积分电路与微分电路的特点。

（2）分析实验结果与理论计算值误差的原因。

波形发生电路

一、实验目的

(1) 掌握波形发生电路的特点和分析方法。

(2) 熟悉波形发生电路的设计方法。

二、实验设备

(1) 双踪示波器；

(2) 数字万用表。

三、预习要点

(1) 分析如图 3-18 所示电路的工作原理，定性画出 u_o 和 u_C 波形。

(2) 若如图 3-18 所示电路中的 $R = 10\ \text{k}\Omega$，计算 u_o 的频率。

(3) 对于如图 3-19 所示电路，如何使输出波形占空比变大？利用实验箱上所标元器件画出电路图。

(4) 在图 3-20 所示电路中，如何改变输出频率？设计两种方案，并画出电路图。

(5) 在图 3-21 所示电路中，如何连续改变振荡频率？画出电路图(利用实验箱上的元器件)。

四、实验内容

1. 方波发生电路

方波发生电路如图 3-18 所示，双向稳压管稳压值一般为 5~6 V。

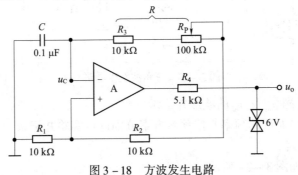

图 3-18　方波发生电路

（1）按电路图接线,观察 u_C、u_o 波形及频率,与预习的计算结果比较。

（2）分别测出当 $R = 10 \text{ k}\Omega$ 和 $R = 110 \text{ k}\Omega$ 时的频率和输出电压幅值,与预习的计算结果比较。要想获得更低的频率,应如何选择电路参数?试利用实验箱上给出的元器件进行实验并观测。

2. 占空比可调的矩形波发生电路

占空比可调的矩形波发生电路及输出电压波形如图 3 – 19 所示。

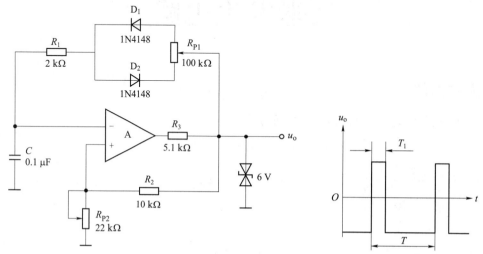

图 3 – 19　占空比可调的矩形波发生电路及输出电压波形

（1）按图接线,观察并测量电路的振荡频率、幅值及占空比。

（2）若要使占空比更大,应如何选择电路参数?并用实验验证。

3. 三角波发生电路

三角波发生电路如图 3 – 20 所示。

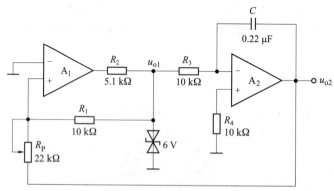

图 3 – 20　三角波发生电路

（1）按图接线,观测 u_{o1} 及 u_{o2} 的波形并记录。

（2）如何改变输出波形的频率?按预习方案分别进行实验并记录。

4. 锯齿波发生电路

锯齿波发生电路如图 3 – 21 所示。

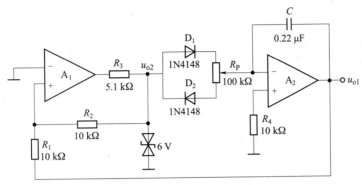

图 3 – 21　锯齿波发生电路

（1）按图接线,观测电路的输出波形及其频率。

（2）按预习时的方案改变锯齿波频率并测量变化范围。

五、实验报告

（1）画出各实验的波形图。

（2）画出各实验预习要求的设计方案和电路图,并写出实验步骤及结果。

（3）总结波形发生电路的特点,并回答下列问题:

① 波形发生电路需要调零吗?

② 波形发生电路有没有输入端?

实验十

有源滤波电路

一、实验目的

（1）熟悉有源滤波电路的构成及其特性。

（2）学会测量有源滤波电路的幅频特性。

二、实验设备

（1）双踪示波器；

（2）信号发生器。

三、预习要点

（1）预习教材中有关有源滤波电路的内容。

（2）分析图 3-22 ~ 图 3-24 所示电路，写出它们的增益特性表达式。

（3）计算图 3-22、图 3-23 所示电路的截止频率和图 3-24 所示电路的中心频率。

（4）画出 3 个电路的幅频特性曲线。

四、实验内容

1. 有源低通滤波电路

有源低通滤波电路如图 3-22 所示。其中：反馈电阻 R_F 选用 22 kΩ 电位器，5.7 kΩ 为设定值。按表 3-26 的内容进行测量并记录，即输入电压 u_i 的幅值 U_i 不变，改变信号的频率。

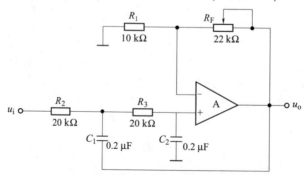

图 3-22　有源低通滤波电路

表 3 - 26 有源低通滤波电路实验数据

U_i/V	1	1	1	1	1	1	1	1	1	1
f/Hz										
U_o/V										

2. 有源高通滤波电路

有源高通滤波电路如图 3 - 23 所示。

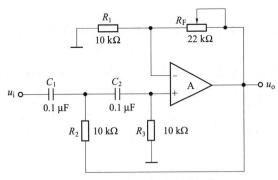

图 3 - 23 有源高通滤波电路

设定 R_F 为 5.7 kΩ,按表 3 - 27 的内容进行测量并记录,即保持输入电压 u_i 的幅值 U_i 不变,改变信号的频率。

表 3 - 27 有源高通滤波电路实验数据

U_i/V	1	1	1	1	1	1	1	1	1
f/Hz									
U_o/V									

3. 有源带阻滤波电路

有源带阻滤波电路如图 3 - 24 所示。

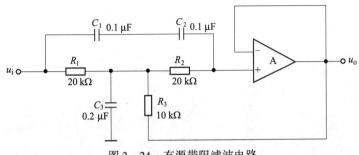

图 3 - 24 有源带阻滤波电路

(1)测量电路中心频率,并将实验数据记入表 3 - 28 中,即保持输入电压 u_i 的幅值 U_i 不变,改变信号的频率。

（2）以测量的中心频率为中心,测出电路的幅频特性,并将实验数据记入表 3 – 28 中。

表 3 – 28　有源带阻滤波电路实验数据

U_i/V	1	1	1	1	1	1	1	1	1	1
f/Hz										
U_o/V										

五、实验报告

（1）整理实验数据,画出各电路的输入电压、输出电压及幅频特性曲线,并与计算值对比,分析误差原因。

（2）如何组成带通滤波电路？试设计一中心频率为 300 Hz、带宽为 200 Hz 的带通滤波电路。

电压比较电路

一、实验目的

(1) 掌握电压比较电路的电路构成及特点。

(2) 学会测试电压比较电路的方法。

二、实验设备

(1) 双踪示波器;

(2) 信号发生器;

(3) 数字万用表。

三、预习要点

(1) 分析如图 3 – 25 所示电路,回答以下问题:

① 比较电路是否需要调零? 为什么?

② 比较电路的两个输入端电阻是否要求对称? 为什么?

③ 比较放大电路的两个输入端电位差如何估计?

(2) 分析图 3 – 26 所示电路,计算:

① 使 u_o 由 $+U_{om}$ 变为 $-U_{om}$ 的 u_i 的临界值。

② 使 u_o 由 $-U_{om}$ 变为 $+U_{om}$ 的 u_i 的临界值。

③ 若输入信号 u_i 为幅值 $U_i = 1$ V 的正弦波,试画出 $u_i - u_o$ 的波形图。

(3) 按(2)的要求,分析如图 3 – 27 所示电路。

(4) 按实验内容准备实验数据表格及记录波形的坐标纸。

四、实验内容

1. 过零比较电路

过零比较电路如图 3 – 25 所示。

(1) 按图接线,当 u_i 悬空时,测量 u_o 的幅值 U_o。

(2) 当 u_i 输入频率为 500 Hz,有效值为 1 V 的正弦波时,观察 $u_i - u_o$ 的波形并记录。

(3) 改变 u_i 的幅值,观察 u_o 的幅值 U_o 的变化。

2. 反相滞回比较电路

反相滞回比较电路如图 3 – 26 所示。

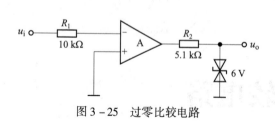

图 3 – 25 过零比较电路

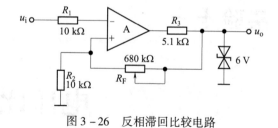

图 3 – 26 反相滞回比较电路

（1）按图接线，并将 R_F 调为 100 kΩ，u_i 接 DC 电压源，测出 u_o 由 $+U_{om}$ 跳变到 $-U_{om}$ 时 u_i 的临界值。

（2）同上，测出 u_o 由 $-U_{om}$ 跳变到 $+U_{om}$ 时的 u_i 的临界值。

（3）u_i 接频率与 500 Hz，有效值为 1 V 的正弦信号，观察并记录 u_i – u_o 的波形。

（4）将电路中 R_F 调为 200 kΩ，重复上述实验。

3. 同相滞回比较电路

同相滞回比较电路如图 3 – 27 所示。

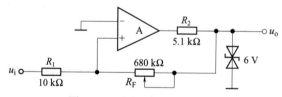

图 3 – 27 同相滞回比较电路

（1）参照实验内容 2 自拟实验步骤。

（2）将结果与实验内容 2 进行比较。

五、实验报告

（1）整理实验数据及波形，并与预习计算值进行比较。

（2）总结几种比较电路的特点。

实验十二

集成功率放大电路

一、实验目的

(1) 熟悉集成功率放大电路的特点。

(2) 掌握集成功率放大电路的主要性能指标及测量方法。

二、实验设备

(1) 双踪示波器;

(2) 信号发生器;

(3) 数字万用表。

三、预习要点

(1) 复习集成功率放大电路的工作原理。

(2) 在图 3 – 28 所示电路中,若 $V_{CC} = 12$ V,$R_L = 8$ Ω,估算该电路的 P_0 和 P_V。

(3) 对照图 3 – 29,分析电路工作原理。

(4) 阅读实验内容,准备实验数据表格。

四、实验内容

(1) 在实验板上插装如图 3 – 28 所示电路,测量不加信号时的静态工作电流。LM386 内部

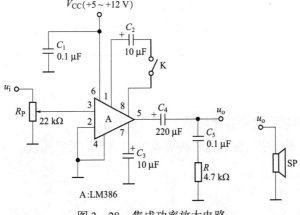

图 3 – 28　集成功率放大电路

电路如图 3 - 29 所示。

（2）在输入端接入 1 kHz 信号,用示波器观察输出波形,逐渐增加输入电压的幅值,直至出现失真为止,记录此时的输入电压和输出电压幅值,并记录波形。

（3）去掉 10 μF 电容 C_2,重复上述实验。

（4）改变电源电压(选 5 V、9 V 两挡)重复上述实验。

（5）将上述所测实验数据全部记入表 3 - 29 中。

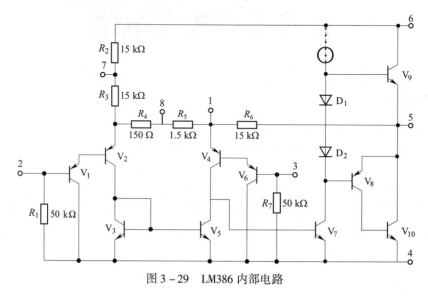

图 3 - 29　LM386 内部电路

表 3 - 29　集成功率放大电路实验数据

V_{CC}/V	C_2	不接 R_L(喇叭)				$R_L = 8$ Ω(喇叭)			
		I_Q/mA	U_i/mV	U_o/V	A_u	U_i/mV	U_o/V	A_u	P_O/W
+12	接								
	不接								
+9	接								
	不接								
+5	接								
	不接								

五、实验报告

（1）根据实验测量值,计算各种情况下 P_O、P_V 及 η。

（2）作出电源电压幅值与输出电压幅值及输出功率的关系曲线。

实验十三

串联稳压电路

一、实验目的

(1) 研究稳压电源的主要特性,掌握串联稳压电路(即稳压电源)的工作原理。

(2) 学会串联稳压电路的调试及测量方法。

二、实验设备

(1) 直流电压表;

(2) 直流毫安表;

(3) 双踪示波器;

(4) 数字万用表。

三、预习要点

(1) 估算图 3–30 所示电路中各三极管的 Q 点(设各管的 $\beta = 100$,电位器 R_P 滑动端处于中间位置)。

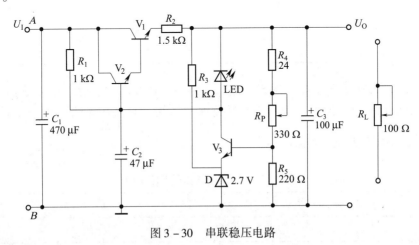

图 3–30 串联稳压电路

(2) 分析如图 3–30 所示电路中电阻 R_2 和发光二极管 LED 的作用。

(3) 自拟实验数据表格。

四、实验内容

1. 静态调试

（1）确保实验电路板接线正确,查清引线端子。

（2）按如图 3 – 30 所示电路接线,负载 R_L 开路,即串联稳压电路空载。

（3）将 +5 ~ +27 V 电源调到 9 V,接到 U_I 端。再调节电位器 R_P,使 $U_O = 6$ V。测量各三极管的 Q 点,并将实验数据记入表 3 – 30 中。

表 3 – 30 静态调试实验数据

	U_B/V	U_C/V	U_E/V
V_1			
V_2			
V_3			

（4）调试输出电压的调节范围。调节 R_P,观察输出电压 U_O 的变化情况。记录 U_O 的最大和最小值。

2. 动态测量

（1）测量串联电路稳压特性。使串联稳压电路处于空载状态,调节电位器,模拟电网电压波动 ±10% ,即 U_I 由 8 V 变到 10 V。量测相应的 ΔU,将实验数据记入表 3 – 31 中。根据 $S_r = \dfrac{\Delta U_O / U_O}{\Delta U_I / U_I}$ 计算稳压系数。

表 3 – 31 测量串联电路稳压特性实验数据

U_I/V	U_O/V	S_r
8		
9		
10		

（2）测量串联稳压电路内阻。测量串联稳压电路的负载电流 I_L 由空载变化到额定值 $I_L = 100$ mA 时,输出电压 U_O 的变化量,将实验数据记入表 3 – 32 中,即可求出电路内阻 $r_o = \left| \dfrac{\Delta U_O}{\Delta I_L} \right|$。测量过程中 $U_I = 9$ V 保持不变。

表 3 – 32 测量串联稳压电路电阻

I_L/mA	U_O/V

（3）测试输出的纹波电压。将如图 3-31 所示的整流滤波电路输出端接到图 3-30 所示电路的电压输入端 U_1（即 A 接 a, B 接 b），在负载电流 $I_L = 100$ mA 的条件下，用示波器观察串联稳压电路的输入电压及输出电压中的交流分量 u_o，描绘其波形。用交流毫伏表测量交流分量的幅值。

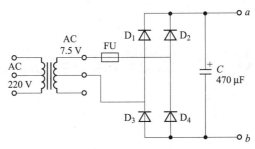

图 3-31   整流滤波电路

（4）思考题：

① 如果把图 3-30 所示电路中的电位器的滑动端往上（或是往下）调，各三极管的 Q 点将如何变化？

② 调节 R_L 时，V_3 的发射极电压将如何变化？ 电阻 R_3 两端电压将如何变化？

③ 如果把 C_3 去掉（开路），输出电压将如何变化？

④ 这个串联稳压电路中哪个三极管消耗的功率最大？ 按实验内容 2 中的（3）接线。

3. 输出保护

（1）在如图 3-30 所示电路的输出端接上负载 R_L 的同时串接直流毫安表，并用直流电压表监视输出电压，逐渐减小 R_L 值，直到短路，注意 LED 发光二极管应逐渐变亮，记录此时的电压值和电流值。

（2）逐渐加大 R_L 值，观察并记录输出电压值和电流值。注意：短路时间应尽量短（不超过 5 s），以防元器件过热而导致损坏。

（3）思考题：如何改变串联稳压电路的保护值？

4. 选做项目

测试串联稳压电路的外特性（实验步骤自拟）。

五、实验报告

（1）对静态调试及动态测量的实验数据进行总结。

（2）计算稳压电源内阻 $r_o = -\dfrac{\Delta U_0}{\Delta I_L}$ 及稳压系数 S_r。

（3）讨论思考题。

实验十四

RC 正弦波振荡电路

一、实验目的

（1）了解双 T 网络振荡电路的组成与原理及其振荡条件。
（2）学会测量、调试振荡电路。

二、实验设备

（1）双踪示波器；
（2）信号发生器。

三、预习要点

（1）复习 *RC* 串、并联振荡电路的工作原理。
（2）计算如图 3-32 所示电路的振荡频率。

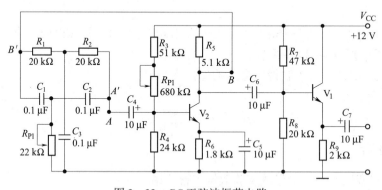

图 3-32　*RC* 正弦波振荡电路

四、实验内容

（1）双 T 网络先不接入（A、B 处先不与 A'、B' 连），调 V_2 管静态工作点，使 B 点电压为 7~8 V。

（2）接入双 T 网络，用示波器观察输出波形。若不起振，则调节 R_{P1} 使电路振荡。

（3）用示波器测量振荡频率并与预习值比较。

（4）由小到大调节 R_{P1}，观察输出波形，并测量电路刚开始振荡时 R_{P1} 的阻值（测量时断电)。

(5) 将图 3 – 32 所示电路中的双 T 网络与放大器断开,将信号发生器的信号注入双 T 网络,观察输出波形。保持输入信号的幅值不变,频率由低到高变化,找出对应输出信号幅值的最低频率。

五、实验报告

(1) 整理实验测量数据和波形。

(2) 回答问题:

① 如图 3 – 32 所示的电路是什么形式的反馈?

② R_5 在电路中起什么作用?

③ 为什么放大器后面要带射极跟随电路?

实验十五

互补对称功率放大电路

一、实验目的

(1) 熟悉互补对称功率放大电路。

(2) 掌握测量输出功率与效率的方法。

二、预习要点

(1) 分析如图 3-33 所示电路中各三极管的工作状态及交越失真的情况。

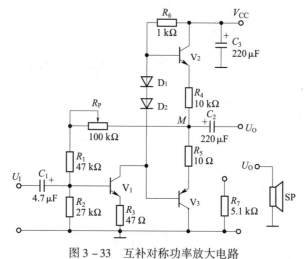

图 3-33 互补对称功率放大电路

(2) 若电路中不加输入信号,V_2、V_3 的功耗是多少?

(3) 电阻 R_4、R_5 的作用是什么?

(4) 根据实验内容自拟实验步骤及实验数据表格。

三、实验设备

(1) 信号发生器;

(2) 双踪示波器。

四、实验内容

(1) 调整静态工作点,使 M 点电压为 $0.5\,V_{\mathrm{CC}}$。

(2) 测量最大不失真输出功率与效率。

(3) 改变电源电压(例如,由 +12 V 变为 +6 V),测量并比较输出功率和效率。

(4) 测量放大电路在带 8 Ω 负载(扬声器)时的功耗和效率。

五、实验报告

(1) 分析实验结果,计算实验内容中要求的各项参数。

(2) 总结互补对称功率放大电路的特点及测量方法。

实验十六

波形变换电路

一、实验目的

(1) 熟悉波形变换电路的工作原理及特性。
(2) 掌握实验内容中电路参数的选择和调试方法。

二、实验设备

(1) 双踪示波器;
(2) 信号发生器;
(3) 数字万用表。

三、预习要点

(1) 分析如图 3 – 34 所示电路的工作原理,这种变换电路对工作频率要求如何?
(2) 定性画出图 3 – 35 所示电路的 u_a 和 u_o 波形。
(3) 设计实验内容 3 要求的正弦波变方波电路。
(4) 自拟全部实验步骤与实验数据表格。

四、实验内容

1. 方波变三角波

方波变三角波电路如图 3 – 34 所示。

(1) 按图接线,输入频率 $f = 500$ Hz、幅值为 4 V 的方波信号,用示波器观察并记录 u_o 的波形。

(2) 改变方波频率,观察波形变化。如波形失真,应如何调整电路参数?试在实验箱的元器件参数允许范围内调整,并验证分析。

(3) 改变输入方波的幅值,观察输出三角波的变化。

2. 精密整流电路

精密整流电路如图 3 – 35 所示。

(1) 按图接线,输入频率 $f = 500$ Hz、有效值为

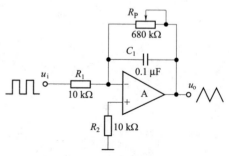

图 3 – 34　方波变三角波电路

1 V的正弦波信号,用示波器观察输出波形。

（2）改变输入频率及幅值（至少3个值），观察输出波形。

（3）将正弦波换成三角波,重复上述实验。

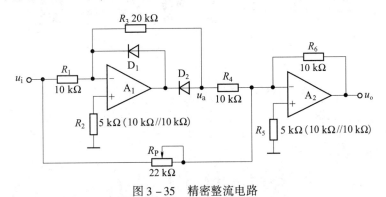

图 3 – 35　精密整流电路

3. 正弦波变方波电路（电路自行设计）

（1）要求方波幅值为 6 V,频率与正弦波相同。

（2）按设计电路接线,输入频率 $f = 500$ Hz、有效值为 0.5 V 的正弦波信号,用示波器观察输出波形,并与设计要求对照。

（3）改变输入信号的频率和幅值,重复上述实验。

注意:观察输入与输出信号相位是否一致。

五、实验报告

（1）整理全部预习要点中要求计算的结果及实验步骤、电路图、实验数据表格等。

（2）总结波形变换电路的特点。

数字电子技术实验

实验一

数电认识实验

一、实验目的

（1）掌握实验设备的使用和操作。

（2）熟悉门电路的逻辑功能。

（3）掌握数字集成电路的基本知识。

二、实验设备

（1）双踪示波器；

（2）逻辑仪；

（3）其他器件：

74LS20	4 输入端双与非门	1 片
74LS86	2 输入端四异或门	1 片

三、实验原理

1. 数字集成电路的分类及特点

目前,常用的中、小规模数字集成电路主要有两类,一类是双极型,另一类是单极型。各类当中又有许多不同的系列产品。

1）双极型

双极型数字集成电路以 TTL 电路为主,品种丰富,一般以 74（民用）和 54（军用）为前缀,是数字集成电路的参考标准。其中包含的主要系列有：

- 标准系列——主要产品,速度和功耗处于中等水平；
- LS 系列——主要产品,功耗比标准系列低；
- S 系列——高速型 TTL,功耗大、品种少；
- ALS 系列——快速、功耗小、品种少；

■ AS 系列——S 系列的改进型。

2）单极型

单极型数字集成电路以 CMOS 集成电路为主，主要有 4000/4500 系列、40H 系列、HC 系列和 HCT 系列。其显著的特点之一是静态功耗非常低，其他方面的表现也相当突出，但速度不如 TTL 集成电路快。

TTL 产品和 CMOS 产品的应用都很广泛，具体产品的性能指标可以查阅 TTL、CMOS 集成电路各自的产品数据手册。本实验课程主要选用 TTL 数字集成电路。

2. TTL 数字集成电路使用注意事项

1）外形及引脚

TTL 数字集成电路的外形封装与引脚分配多种多样，如附录中所示的芯片封装形式为双列直插式（DIP）。芯片外形封装上有一处豁口标志，在辨认引脚时，芯片正面（有芯片型号的一面）面对自己，将此豁口标志朝向左手侧，则从芯片下方左起的第一个引脚为芯片的 1 号引脚，其余引脚序号按逆时针顺序排列。

2）电源

每片集成电路芯片均需要供电方能正常使用，供电电源为 +5 V 单电源。电源正极（+5 V）接芯片的 V_{CC} 引脚，电源负极（0 V）接芯片的 GND 引脚，两者不允许接反，否则会损坏集成电路芯片。除极少数芯片（如 74LS76）外，绝大多数 TTL 集成电路芯片的电源引脚都是对角分布，即 V_{CC} 和 GND 引脚呈左上、右下分布。

3）输出端

芯片的输出端不允许与电源正极和地直接相连，也不允许连接到逻辑开关上，否则会损坏芯片。但没有使用的输出端允许悬空，尽量避免让多余输入端悬空。除 OC 门和三态外，不允许将输出端并联使用。

4）芯片安装

在通电状态下，不允许安装和拔起集成电路芯片，否则极易造成芯片损坏。在使用多个芯片时应当注意芯片的豁口标志朝向一致。

5）芯片混用问题

一般情况下，尽量避免混合使用 TTL 类与 CMOS 类集成电路。如需要混合使用时，必须考虑它们之间的电平匹配及驱动能力问题。碰到此种情况时，可以查阅相关资料，在此不做赘述。

3. 输入与输出信号的加载与观察

逻辑电路为二值逻辑，取值只有“0”“1”两种情况。对于逻辑电路的输入，用逻辑开关来产生高、低电平，通过导线将开关连接到电路中，即可输入变量的“0”“1”取值，原理如图 4－1 所示。对逻辑电路的输出，实验中用两种器件来进行观察：一种器件是发光二极管，原理如图 4－2 所示；当输出为高电平时，发光二极管发光；反之，发光二极管熄灭。另一种器件是数码显示器，参见附录 I “常用集成电路引脚排列”。

4. 逻辑功能测试

分别测试一个与非门和一个或非门的逻辑功能，画出实验电路，并将测试结果记录在自拟表格中（提示：与非门芯片的型号为 74LS00，或非门芯片的型号为 74LS02。测试时，输入端分别接两只逻辑开关,以产生输入变量的组合;输出端接到 LED 上以观察结果。测试结果即为与非逻辑、或非逻辑的真值表)。

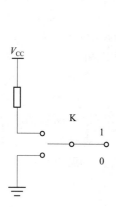

图 4 - 1　逻辑开关原理

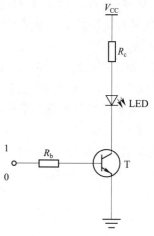

图 4 - 2　逻辑电平显示原理

四、实验内容

实验前先检查实验电源是否正常,然后选择实验用的集成电路,按实验电路接好连线,应特别注意 V_{CC} 和地线不能接错。线接好后经实验指导教师检查无误后方可通电实验。

1. 与非门逻辑功能测试

(1)选用 4 输入端双与非门 74LS20 一只,插入对应的插座,按图 4 - 3 接线。图中输入端 A、B、C、D 各接一个逻辑开关($S_0 \sim S_7$),输出端接发光二极管($D_0 \sim D_9$)。

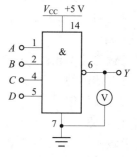

图 4 - 3　与非门逻辑功能测试实验电路

(2)将 A、B、C、D 按表 4 - 1 所示状态进行变化,分别测出输出端对应的逻辑状态及输出电压(V),将结果填入表 4 - 1 中。

表 4 - 1　与非门逻辑功能测试实验数据

输入				输出	
A	B	C	D	Y	电压/V
0	0	0	0		
0	0	0	1		
0	0	1	1		
0	1	1	1		
1	1	1	1		

2. 异或门逻辑功能测试

(1)选 2 输入端四异或门电路 74LS86。按图 4 - 4 接线,输入端 A、B、C、D 接电平开关,输

出端 X_1、X_2、Y 接电平显示发光二极管。

（2）输入信号按表 4 – 2 中顺序变化,观测 X_1、X_2、Y 的状态,将结果填入表 4 – 2 中。

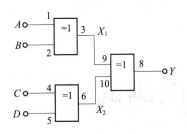

图 4 – 4　异或门逻辑功能测试实验电路

表 4 – 2　异或门逻辑功能测试实验数据

输入				输出		
A	B	C	D	X_1	X_2	Y
0	0	0	0			
1	0	0	0			
1	1	0	0			
1	1	1	0			
1	1	1	1			
0	1	0	1			

五、实验报告

按要求完成实验并填表记录。

门电路逻辑功能测试

一、实验目的

(1) 熟悉门电路逻辑功能。

(2) 熟悉数字逻辑电路实验仪(简称逻辑仪)及示波器的使用方法。

(3) 掌握数字电路实验的基本方法。

二、实验设备

(1) 双踪示波器;

(2) 逻辑仪;

(3) 其他器件:

| 74LS00 | 2 输入端四与非门 | 2 片 |
| 74LS04 | 六反相器 | 1 片 |

三、预习要点

(1) 复习门电路工作原理及相应逻辑表达式。

(2) 熟悉所用集成电路的功能及各引线的位置和用途。

(3) 了解双踪示波器的使用方法。

四、实验内容

1. 组合逻辑电路的测试与分析

(1) 用 74LS00 和 74LS04 按图 4-5 和图 4-6 接线,将输入、输出的关系分别填入表 4-3 和表 4-4 中。

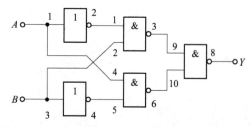

图 4-5 组合逻辑电路的测试与分析实验电路(一)

表 4-3 组合逻辑电路的测试与分析实验数据(一)

输入		输出
A	B	Y
0	0	
0	1	
1	0	
1	1	

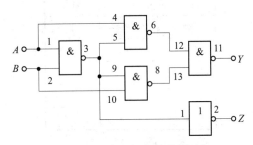

图 4 - 6　组合逻辑电路的测试与
分析实验电路(二)

表 4 - 4　组合逻辑电路的测试与
分析实验数据(二)

输入		输出	
A	B	Y	Z
0	0		
0	1		
1	0		
1	1		

(2) 根据实验结果推导出上面两个电路的逻辑表达式,并说明其逻辑功能。

2. 逻辑门传输延迟时间的测量

用反相器74LS04(非门)按图 4 - 7 接线,输入 80 kHz 连续脉冲,用双踪示波器观测输入、输出相位差,计算每个门平均传输延迟时间的 t_{pd} 值。

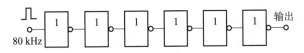

图 4 - 7　逻辑门传输延迟时间的测量实验电路

5. 利用与非门控制输出

用一片 74LS00 按图 4 - 8 接线,S 端接任一逻辑电平开关,用示波器观察 S 端对输出脉冲的控制作用。

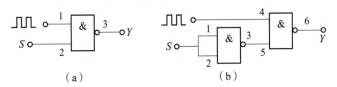

(a)　　　　　　　　(b)

图 4 - 8　利用与非门控制输出实验电路

6. 用与非门组成其他门电路

(1) 组成或非门。

用一片 2 输入端四与非门组成或非门,要求输入、输出的逻辑关系表达式为 $Y = \overline{A + B} = \overline{A} \cdot \overline{B}$。画出电路图,测试并填写表 4 - 5。

(2) 组成异或门。

将异或门表达式转化为与非形式表达式。画出逻辑电路图,测试并填写表 4 - 6。

表 4 – 5   利用与非门组成或非门实验数据

输入		输出
A	B	Y
0	0	
0	1	
1	0	
1	1	

表 4 – 6   利用与非门组成异或门实验数据

输入		输出
A	B	Y
0	0	
0	1	
1	0	
1	1	

五、实验报告

（1）按各步骤要求填表并画出逻辑电路图。

（2）回答下列问题：

① 怎样判断门电路逻辑功能是否正常？

② 与非门一个输入端接连续脉冲，其余端什么状态时允许脉冲通过？什么状态时禁止脉冲通过？

③ 异或门又称可控反相门，为什么？

实验三

组合逻辑电路

一、实验目的

(1) 掌握组合逻辑电路的功能测试。

(2) 验证半加器和全加器的逻辑功能。

(3) 学会二进制数的运算规律。

二、实验设备

(1) 逻辑仪；

(2) 数字万用表；

(3) 其他器件：

74LS00　　2 输入端四与非门　　3 片

74LS86　　2 输入端四异或门　　1 片

74LS54　　4 组输入与或非门　　1 片

三、预习要点

(1) 预习组合逻辑电路的分析方法。

(2) 预习用与非门和异或门构成的半加器、全加器的工作原理。

(3) 学习二进制数的运算规律。

四、实验内容

1. 组合逻辑电路功能测试

(1) 用一片 74LS00 组成图 4 – 9 所示的逻辑电路。为便于接线和检查，请在图中注明各逻辑门编号及各引脚序号。

(2) 图中 A、B 接逻辑开关，Y 接发光二极管。

(3) 按表 4 – 7 要求，改变 A、B 的状态，测试 Y 的状态并填表。

(4) 写出 Y 与 A、B 的逻辑表达式，说明其逻辑功能。

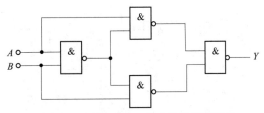

图 4 – 9　用 74LS00 组成的逻辑电路

表4-7　用74LS00组成的逻辑电路实验数据

输入		输出
A	B	Y
0	0	
0	1	
1	0	
1	1	

2. 测试用异或门(74LS86)和与非门组成的半加器的逻辑功能

根据半加器的逻辑表达式可知,Y 是 A、B 的异或,而进位 Z 是 A、B 相与,故半加器可用一个集成异或门和两个与非门(其中一个与非门接成反相器使用)组成,如图4-10所示。

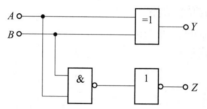

图4-10　用异或门和与非门组成的半加器实验电路

(1) 用异或门和与非门接成上述电路,A、B 接电平开关,Y、Z 接电平显示。

(2) 按表4-8要求改变 A、B 状态,观测 Y、Z 的状态并填表。

表4-8　用异或门和与非门组成的半加器实验数据

输入	A	0	1	0	1
	B	0	0	1	1
输出	Y				
	Z				

3. 测试全加器的逻辑功能

(1) 按图4-11接线,按表4-9进行测试,将测试结果填入表4-9中。

(2) 根据测试结果推导出图4-11所示电路的逻辑表达式:

$$Y - A、B;\ S_i - Y、C_{i-1};\ S_i - A_i、B_i、C_{i-1};\ C_i - A_i、B_i、C_{i-1}$$

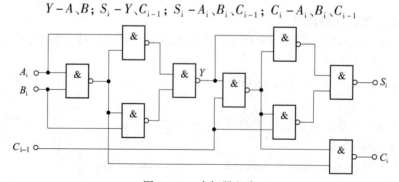

图4-11　全加器电路

表4－9　全加器逻辑功能测试表

A_i	B_i	C_{i-1}	Y	S_i	C_i
0	0	0			
0	1	0			
1	0	0			
1	1	0			
0	0	1			
0	1	1			
1	0	1			
1	1	1			

4. 用异或门、与或非门和非门组成的全加器

全加器可以用两个半加器和两个与门及一个或门组成。在实验中,常用两个异或门、一个与或非门和一个非门实现。

(1) 推导用异或门、与或非门和非门实现全加器功能的逻辑表达式,画出电路图。

(2) 用异或门、与或非门和非门,按自己设计的电路图接线。接线时注意与或非门中不用的输入端的处理方法。

(3) 按表4－10的要求观测 S_i 和 C_i 的状态变化,并填表。

表4－10　用异或门、与或非门和非门组成的全加器测试表

A_i	B_i	C_{i-1}	S_i	C_i
0	0	0		
0	0	1		
0	1	0		
0	1	1		
1	0	0		
1	0	1		
1	1	0		
1	1	1		

五、实验报告

(1) 整理实验数据、电路图及表格并对实验结果进行分析和讨论。

(2) 总结组合逻辑电路的分析方法。

实验四

触 发 器

一、实验目的

(1) 熟悉并掌握 RS、D、JK 触发器的构成、工作原理和功能测试方法;

(2) 学会正确使用触发器集成芯片;

(3) 了解不同逻辑功能触发器相互转换的方法。

二、实验设备

(1) 双踪示波器;

(2) 逻辑仪;

(3) 其他器件:

74LS00	2 输入端四与非门	1 片
74LS74	双 D 触发器	1 片
74LS112	双 JK 触发器	1 片

三、预习要点

1. 基本 RS 触发器功能测试

两个 TTL 与非门首尾相接构成的基本 RS 触发器如图 4-12 所示。

(1) 试按表 4-11 的顺序在 $\overline{S}_d$、$\overline{R}_d$ 端加输入信号,观察并记录 Q、$\overline{Q}$ 端的输出状态,将结果填入表 4-11 中,并说明在上述各种输入状态下,触发器执行的功能是什么?

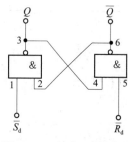

图 4-12 基本 RS 触发器

表 4-11 基本 RS 触发器逻辑功能测试表

$\overline{S}_d$	$\overline{R}_d$	Q	$\overline{Q}$	逻辑功能
0	1			
1	1			
1	0			
1	1			

（2）$\overline{S}_d$接低电平，$\overline{R}_d$端加脉冲；$\overline{S}_d$接高电平，$\overline{R}_d$端加脉冲；令$\overline{R}_d = \overline{S}_d$，$\overline{R}_d$端加脉冲。观察并记录在上述 3 种情况下，$Q$、$\overline{Q}$端的状态，从中总结出基本 RS 触发器的 Q、$\overline{Q}$端的状态改变和输入端$\overline{S}_d$、$\overline{R}_d$的关系。

（3）当$\overline{S}_d$、$\overline{R}_d$都接低电平时，观察Q、$\overline{Q}$端的状态。当$\overline{S}_d$、$\overline{R}_d$同时由低电平跳为高电平时，注意观察Q、$\overline{Q}$端的状态。重复 3 ~ 5 次观察Q、$\overline{Q}$端的状态是否相同，以正确理解"不定"状态的含义。

2. 维持 – 阻塞型 D 触发器功能测试

双 D 型上升沿维持 – 阻塞型触发器 74LS74 的逻辑符号如图4 – 13 所示。图中$\overline{S}_d$、$\overline{R}_d$分别为异步置 1 端和置 0 端（或称异步置位端、复位端）。CP 为时钟脉冲端。

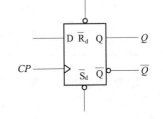

（1）分别在$\overline{S}_d$、$\overline{R}_d$端加高、低电平，观察并记录Q、$\overline{Q}$端的输出波形。

图 4 – 13   74LS74 逻辑符号

（2）令$\overline{S}_d$、$\overline{R}_d$端为高电平，D 端分别接高、低电平，用点动脉冲作为 CP，观察并记录当 CP 为 0、↑、1、↓ 时 Q 端输出波形的变化。

（3）当$\overline{S}_d = \overline{R}_d = 1$，$CP = 0$（或 $CP = 1$），改变 D 端信号，观察 Q 端的输出波形是否变化？整理上述实验数据，将结果填入表 4 – 12 中。

（4）$\overline{S}_d = \overline{R}_d = 1$，将 D 和$\overline{Q}$端相连，CP 加连续脉冲，用双踪示波器观察并记录 Q 相对于 CP 的波形。

表 4 –12   维持 – 阻塞型 D 触发器功能测试表

$\overline{S}_d$	$\overline{R}_d$	CP	D	Q^n	Q^{n+1}
0	1	×	×	0	
				1	
1	0	×	×	0	
				1	
1	1	↑	0	0	
				1	
1	1	↑	1	0	
				1	

3. 下降沿 JK 触发器功能测试

下降沿双 JK 触发器 74LS112 的逻辑符号如图 4 – 14 所示。

自拟实验步骤，测试其功能，并将结果填入表 4 – 13 中。当 $J = K = 1$ 时，CP 端加连续脉冲，用双踪示波器观察 CP 端和 Q 端输出波形，并同 D 触发器在 D 端和$\overline{Q}$端相连时观察到的 Q 端的波形相比较，有何异同？

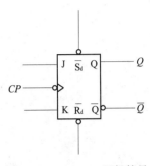

图 4 – 14   74LS112 逻辑符号

表 4 – 13   74LS112 功能测试表

$\overline{S}_d$	$\overline{R}_d$	CP	J	K	Q^n	Q^{n+1}
0	1	×	×	×	×	
1	0	×	×	×	×	
1	1	↓	0	×	0	
1	1	↓	1	×	0	
1	1	↓	×	0	1	
1	1	↓	×	1	1	

4. 触发器功能转换

（1）将 D 触发器和 JK 触发器转换成 T' 触发器，列出表达式，画出实验电路图。

（2）输入连续脉冲，观察各触发器 CP 端及 Q 端波形，比较两者关系。

（3）自拟实验数据表格并填写。

四、实验报告

（1）整理实验数据、电路图和实验数据表格，并对实验结果进行分析和讨论；

（2）写出实验内容 3、4 的实验步骤及逻辑关系表达式；

（3）画出实验 4 的电路图及相应实验数据表格；

（4）总结各类触发器的特点。

实验五

时 序 电 路

一、实验目的

（1）掌握常用时序电路分析、设计及测试的方法。

（2）训练独立进行实验的技能。

二、实验设备

（1）双踪示波器；

（2）逻辑仪；

（3）器件：

74LS112	双 JK 触发器	2 片
74LS175	四 D 触发器	1 片
74LS00	2 输入四与非门	1 片
74LS10	3 输入三与非门	1 片

三、实验内容

1. 异步二进制计数器

（1）按图 4 –15 接线。

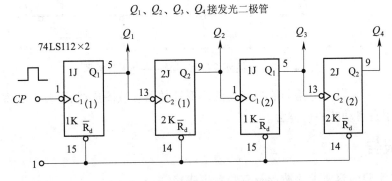

图 4 – 15　异步二进制计数器

（2）由 CP 端输入单脉冲,测试并记录 $Q_1 \sim Q_4$ 端输出状态及波形。

（3）试将异步二进制加法计数器改为减法计数器,参考加法计数器的实验内容进行实验并记录数据。

2. 异步二－十进制加法计数器

（1）按图 4 – 16 接线。Q_A、Q_B、Q_C、Q_D 4 个输出端分别接发光二极管,CP 接单脉冲,以表格形式记录电路的工作状态。

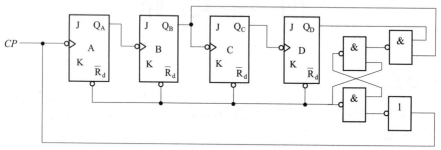

图 4 – 16　异步二－十进制加法计数器

（2）在 CP 端加连续脉冲,观察并记录计数器的工作状态,画出 CP、Q_A、Q_B、Q_C、Q_D 的波形。

3. 自循环移位寄存器——环形计数器

（1）按图 4 – 17 接线。

① 将 A、B、C、D 置为 1000,用单脉冲计数,记录各触发器状态。

② 改为连续脉冲计数,并将其中一个状态为 0 的触发器置为 1（模拟干扰信号作用的结果）,观察计数器能否正常工作并分析原因。

Q_A、Q_B、Q_C、Q_D 接发光二极管

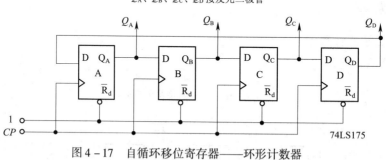

74LS175

图 4 – 17　自循环移位寄存器——环形计数器

（2）如图 4 – 18 所示电路为能自启动的环形计数器。按图连线,重复上述实验,对比实验结果,总结关于自启动的心得体会。

四、实验报告

（1）画出实验内容要求的波形及实验数据表格。

（2）总结时序电路的特点。

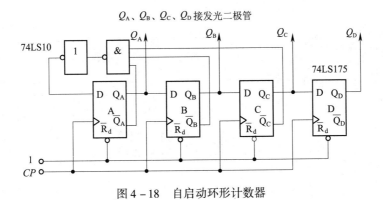

图 4 – 18　自启动环形计数器

实验六

集成计数器

一、实验目的

(1) 熟悉集成计数器逻辑功能和各引脚的作用。

(2) 掌握集成计数器的使用方法。

二、实验设备

(1) 双踪示波器；

(2) 逻辑仪；

(3) 其他器件：

74LS290　　2 片　　二－五－十进制异步加法计数器

74LS00　　1 片　　2 输入四与非门

三、实验内容

1. 集成计数器 74LS290 功能测试

74LS290 是二－五－十进制异步加法计数器,逻辑简图如图 4 – 19 所示。

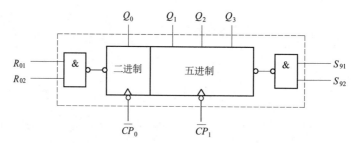

图 4 – 19　74LS290 逻辑简图

74LS290 具有如下功能：

(1) 直接置 0($R_{01} \cdot R_{02} = 1$)

(2) 直接置 9($S_{91} \cdot S_{92} = 1$)

(3) 二进制计数($\overline{CP}_0$ 计数输入,Q_0 输出)

(4) 五进制计数($\overline{CP}_1$ 计数输入,Q_3、Q_2、Q_1 输出)

参照附录 I 中 74LS290 的引脚排列自行设计实验电路和步骤,测试上述功能,将结果填入表 4 – 14 中。

2. 计数器的级联

(1) 将二 – 五进制计数器级联为十进制计数器。

利用 74LS290 自有的二进制计数器和五进制计数器,通过级联即可实现十进制计数。图 4 –20(a)和 4 –20(b)所示为两种典型的连接方法。

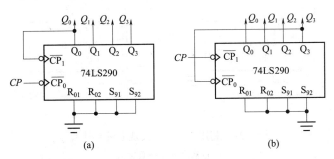

图 4 – 20　由 74LS290 构成的两种十进制计数器

(a)二一十进制计数器;(b)二一五一十进制计数器

画出电路图,按图接线,并将输出端接到数码显示器的相应输入端,用单脉冲作为输入脉冲,验证接线是否正确,并将结果填入表 4 – 15 和表 4 – 16 中。

(2) 画出 4 位十进制计数器接线图,并总结多级计数器的连接规律。

表 4 – 14　74LS290 功能测试表

R_{01}	R_{02}	S_{91}	S_{92}	输出
1	1	0	×	
1	1	×	0	
×	×	1	1	
×	0	×	0	
0	×	0	×	
0	×	×	0	
×	0	0	×	

表 4 – 15　二 – 十进制计数器功能测试表

计数	输出			
	Q_3	Q_2	Q_1	Q_0
0				
1				
2				
3				
4				
5				
6				
7				
8				
9				
10				

表 4 – 16　二 – 五 – 十进制计数器功能测试表

计数	输出			
	Q_0	Q_3	Q_2	Q_1
0				
1				
2				
3				
4				
5				
6				
7				
8				
9				
10				

3. 任意进制计数器的设计方法

采用脉冲反馈法(也称复位法或置位法),可用 74LS290 组成任意模(M)计数器。图 4 – 21 所示为用 74LS290 实现七进制计数器的两种方案。图 4 – 21(a)采用复位法,即计数计到 M 时,异步清零。图 4 – 21(b)采用置位法,即计数计到($M-1$)时异步置 9(1001)。

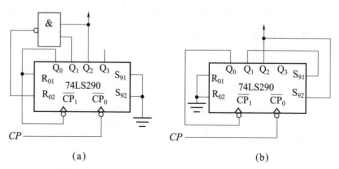

(a)   (b)

图 4 – 21   利用 74LS290 实现七进制计数器
(a)复位法;(b)置位法

将多片 74LS290 级联可实现十以上进制计数的功能。图 4 – 22 所示为实现四十五进制计数功能的一种方案。

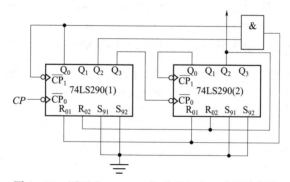

图 4 – 22   用两片 74LS290 构成的四十五进制计数器

(1)按图 4 – 22 接线,并将输出端接到显示器上验证。
(2)设计一个六十进制计数器,并接线验证。
(3)画出上述实验的各级同步波形。

四、实验报告

(1)画出每步实验的电路图,整理实验内容和实验数据,画出相应的波形图。
(2)总结集成计数器的使用特点。

实验七

译码器和数据选择器

一、实验目的

(1) 熟悉集成译码器和数据选择器。

(2) 了解集成译码器和数据选择器的应用。

二、实验设备

(1) 双踪示波器；

(2) 逻辑仪；

(3) 其他器件：

74LS139	2 – 4 线译码器	1 片
74LS153	双 4 选 1 数据选择器	1 片
74LS00	2 输入四与非门	1 片

三、实验内容

1. 译码器功能测试

将 74LS139 译码器按图 4 – 23 接线。按表 4 – 17 要求的输入电平分别置位并测试填表。

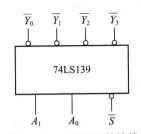

图 4 – 23   74LS139 的接线

表 4 – 17   74LS139 功能测试表

输入			输出			
使能	地址输入					
$\overline{S}$	A_1	A_0	$\overline{Y_0}$	$\overline{Y_1}$	$\overline{Y_2}$	$\overline{Y_3}$
1	×	×				
0	0	0				
0	0	1				
0	1	0				
0	1	1				

2. 译码器转换

将双 2 – 4 线译码器转换为 3 – 8 线译码器。

（1）画出转换电路。

（2）在逻辑仪上接线并验证设计是否正确。

（3）设计并填写该 3 - 8 线译码器功能表,画出输入、输出波形。

3. 数据选择器的测试及应用

（1）将双 4 选 1 数据选择器 74LS153 按图 4 - 24 接线,测试其功能并填表 4 - 18。

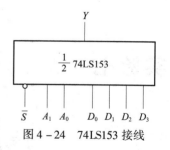

图 4 - 24　74LS153 接线

表 4 - 18　74LS153 功能测试表

使能	地址输入		数据输入				输出
$\overline{S}$	A_1	A_0	D_0	D_1	D_2	D_3	Y
1	×	×	×	×	×	×	
0	0	0	0	×	×	×	
0	0	0	1	×	×	×	
0	0	1	×	0	×	×	
0	0	1	×	1	×	×	
0	1	0	×	×	0	×	
0	1	0	×	×	1	×	
0	1	1	×	×	×	0	
0	1	1	×	×	×	1	

（2）将逻辑仪脉冲信号源中 4 个不同频率的信号接到数据选择器的 4 个输入端,将使能端置 0,使输出端可分别观察到 4 种不同频率的脉冲信号。

（3）分析上述实验结果并总结数据选择器的功能。

4. 数据选择器转换

将两个 4 选 1 数据选择器转换为一个 8 选 1 数据选择器,画出转换电路并连线,测试 8 选 1 数据选择器的功能并填写自拟的功能表。

四、实验报告

（1）画出实验要求的波形图。

（2）画出实验内容 2、3、4 的接线图。

（3）总结译码器和数据选择器的使用体会。

实验八

多谐振荡器及单稳态触发器

一、实验目的

(1) 熟悉多谐振荡器的电路特点及振荡频率的估算方法;

(2) 掌握单稳态触发器的使用。

二、实验设备

(1) 双踪示波器;

(2) 逻辑仪;

(3) 其他器件:

74LS00	2 输入端四与非门	1 片
CD4069	六反相器	1 片
74LS04	六反相器	1 片
电位器	10 kΩ	1 只

三、实验内容

1. 多谐振荡器

(1) 由 CMOS 门构成的多谐振荡器,电路的取值一般应满足 $R_1 = (2 \sim 10) R_2$,周期 $T \approx 2.2 R_2 C$。在逻辑仪上按图 4–25 接线,并测试频率范围。

若电容 C 不变,要想输出 1 kHz 频率波形,则需计算 R_2 的值并验证,分析误差原因。

若要实现 10 ~ 100 kHz 频率范围,则选用上述电路并自行设计参数,连接电路并测试。

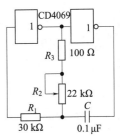

图 4 – 25 由 CMOS 门构成的多谐振荡器

(2) 由 TTL 门电路构成多谐振荡器。按图 4 – 26 接线,用示波器测量频率变化范围。观测 A、B 各点及 $u_\circ$ 波形并记录。

2. 单稳态触发器

(1) 用一片 74LS00 接成如图 4 – 27 所示电路,输入脉冲采用实验内容 1 中由 CMOS 门电路构成的多谐振荡器所产生的脉冲。

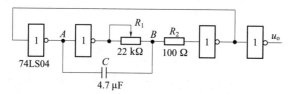

图 4 - 26   由 TTL 门电路构成的多谐振荡器

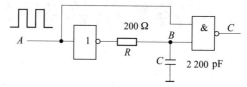

图 4 - 27   单稳态触发器

（2）选 3 个频率（易于观察），记录 A、B、C 各点波形。

（3）若要改变输出波形的宽度（例如增加）应如何改变电路参数？用实验验证。

四、实验报告

（1）整理实验数据及波形。

（2）画出振荡器与单稳态触发器连接后的实验电路。

（3）估算出实验中各电路的脉宽值，并与实验结果进行对照分析。

时 基 电 路

一、实验目的

(1) 熟悉 NE555 时基电路的内部结构和工作原理,掌握芯片的正确使用方法;

(2) 学会分析和测试用 NE555 时基电路构成的多谐振荡器、单稳态触发器、施密特触发器等几种典型电路。

二、实验设备

(1) 双踪示波器;

(2) 逻辑仪;

(3) 其他器件:

NE555	时基电路	2 片
1N4148	二极管	2 只
22 kΩ、1 kΩ	电位器	2 只
	电阻、电容	若干
	扬声器	1 只

三、实验内容

本实验所用的 555 时基电路芯片为 NE555,芯片的引脚排列如图 4 – 28 所示,功能表如表 4 – 19 所示,内部结构及功能简图如图 4 – 29 所示。

各引脚的功能简述如下:

TH:高电平触发端,当 TH 端电平大于 $\frac{2}{3} V_{CC}$ 时,输出 OUT 呈低电平,T 导通。

$\overline{TR}$:低电平触发端,当 $\overline{TR}$ 端电平小于 $\frac{1}{3} V_{CC}$ 时,OUT 端呈高电平,T 截止。

$\overline{R}$:复位端,$\overline{R} = 0$,OUT 端输出低电平,T 导通。

CO:控制电压端,CO 接不同的电压值可以改变 TH、$\overline{TR}$ 的触发电平值。

DIS:放电输入端,其导通或关断为 RC 回路提供了放电或充电的通路。

OUT:输出端。

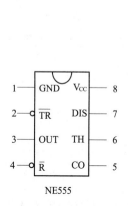

图 4 – 28   NE555 引脚排列

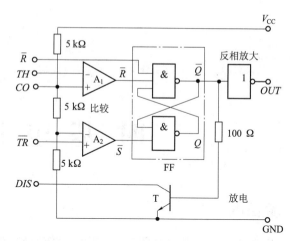

图 4 – 29   NE555 时基电路的内部结构及功能简图

表 4 – 19   NE555 芯片的功能表

TH	$\overline{TR}$	$\overline{R}$ $\overline{S}$	$\overline{R}$	*OUT*	T
×	×		0	0	导通
$> \dfrac{2}{3} V_{CC}$	$> \dfrac{1}{3} V_{CC}$	0 1	1	0	导通
$< \dfrac{2}{3} V_{CC}$	$> \dfrac{1}{3} V_{CC}$	1 1	1	原状态	原状态
$< \dfrac{2}{3} V_{CC}$	$< \dfrac{1}{3} V_{CC}$	1 0	1	1	截止
$> \dfrac{2}{3} V_{CC}$	$< \dfrac{1}{3} V_{CC}$	0 0	1	1	截止

NE555 定时器的电源电压范围较宽,可在 +5 ~ +16 V 范围内使用(若为 CMOS 的 555 芯片,则电压范围在 +3 ~ +18 V)。电路的输出有缓冲器,因而有较强的带负载能力。双极性定时器最大的灌电流和拉电流都在 200 mA 左右,因而可直接推动 TTL 或 CMOS 中的各种电路,包括蜂鸣器等器件。本实验所使用的电源电压 V_{CC} = +5 V。

1. NE555 时基电路功能测试

(1)按图 4 – 30 接线,可调电压取自电位器分压,$\overline{R}$ 接逻辑电平开关 S,*OUT* 接发光二极管。

(2)按表 4 – 19 逐项测试其功能并记录。

2. NE555 时基电路构成的多谐振荡器

电路如图 4 – 31 所示。

(1)按图接线。图中元件参数为:$R_1 = 15$ kΩ,$R_2 = 5.1$ kΩ,$C_1 = 0.33$ μF,$C_2 = 0.047$ μF。

(2)用示波器观察并测量 *OUT* 端输出波形 u_o 的频率,与理论估算值比较,算出频率的相对误差。

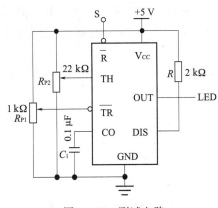

图 4 – 30　测试电路

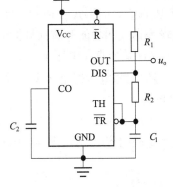

图 4 – 31　多谐振荡器电路

（3）若将电阻值改为 $R_1 = 15\ \text{k}\Omega$，$R_2 = 10\ \text{k}\Omega$，电容不变，则上述数据有何变化？

（4）根据上述电路的原理，充电回路的支路是 R_1、R_2、C_1，放电回路的支路是 R_2、C_1，将电路略作修改，增加一个电位器 R_P 和两个引导二极管，构成如图 4 – 32 所示的占空比可调的多谐振荡器。其占空比 q 为

$$q = \frac{R_1}{R_1 + R_2}$$

改变 R_P 的位置，即可调节 q 值。合理选择元件参数（电位器选 22 kΩ），使电路的占空比 $q = 0.2$，且正脉冲宽度为 0.2 ms。调试电路，测出所用元件的数值，估算电路的误差。

3. NE555 构成的单稳态触发器

实验电路如图 4 – 33 所示。

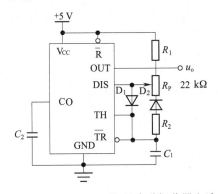

图 4 – 32　占空比可调的多谐振荡器电路

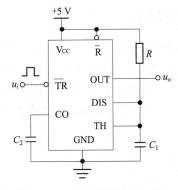

图 4 – 33　单稳态触发器电路

（1）按图 4 – 33 接线，图中 $R = 10\ \text{k}\Omega$，$C_1 = 0.01\ \mu\text{F}$，u_i 是频率约为 10 kHz 的方波，用双踪示波器观察 OUT 端相对于 u_i 的波形，并测出输出脉冲的宽度 T_W。

（2）调节 u_i 的频率，分析并记录观察到的 OUT 端波形的变化。

（3）若想使 $T_W = 10\ \mu\text{s}$，应怎样调整电路？测出此时各元件的参数值。

4. NE555 时基电路构成的 RS 触发器

（1）按图 4 – 34 接线，先令 CO 端悬空，调节 R、$\bar{S}$ 端的输入电平值，观察 OUT 端的输出在什么时刻由 0 变 1，或由 1 变 0？测出 OUT 端的输出在状态切换时，R、$\bar{S}$ 端的电平值。

（2）若要保持 OUT 端的输出状态不变,用实验法测定 R、$\bar{S}$端应在什么电平范围内？整理实验数据,列成真值表的形式。和前面实验叙述中所介绍的 RS 触发器比较,它们的输入、输出关系的逻辑表达式和功能等有何异同？

（3）若在 CO 端加直流电压 V_{CC},并令 V_{CC} 分别为 2 V、4 V,测出此时 OUT 端在状态保持和切换时,R、$\bar{S}$ 端应加的电压值是多少？并用实验验证。

5. 应用电路

图 4－35 所示为用两个 NE555 时基电路构成的救护车警铃电路。

（1）参考实验内容 2,确定图 4－35 中未定元件 R_p 的参数。

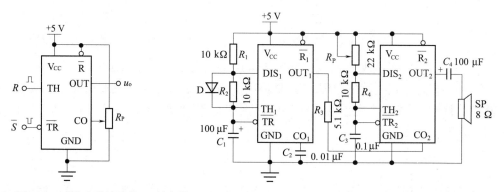

图 4－34　用 NE555 时基电路构成的 RS 触发器　　图 4－35　用两个 NE555 时基电路组成救护车警铃电路

（2）按图接线,先不接扬声器,用示波器观察输出波形并记录。

（3）接上扬声器,调整参数到声响效果满意为止。

四、实验报告

（1）按实验内容各步要求整理实验数据;

（2）画出实验内容 3 和 5 中的相应波形;

（3）画出实验内容 5 中最终调试满意的电路图并标出各元件参数;

（4）总结 NE555 时基电路的内部结构及使用方法。

实验十

集成寄存器

一、实验目的

(1) 通过实验进一步熟悉寄存器的工作原理。
(2) 熟悉和了解集成寄存器的功能、测试方法及其应用电路。
(3) 能正确使用集成寄存器。

二、实验设备

(1) 逻辑仪;
(2) 其他器件:

74LS08	2 输入端四与门	2 片
74LS112	双 JK 触发器	2 片
74LS194	4 位双向移位寄存器	2 片

三、实验内容

1. 4 位数码寄存器

图 4 – 36 为 JK 触发器组成的数码寄存器。该寄存器具有数码写入、寄存、读取和清除 4 种功能。图中,$\overline{CP}$ 为写脉冲,S 为读脉冲,$\overline{R}_d$ 为清零信号。

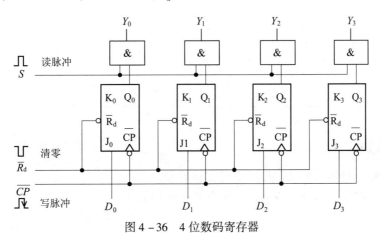

图 4 – 36 4 位数码寄存器

（1）按图连线，$\overline{CP}$接单脉冲，$Y_3 \sim Y_0$接发光二极管，其余输入端接逻辑开关。

（2）将$D_3D_2D_1D_0$置为1010，先将$Q_3 \sim Q_0$清零，再加时钟脉冲，S分别置"0""1"，观察$Q_3 \sim Q_0$、$Y_3 \sim Y_0$的状态。

（3）改变$D_3 \sim D_0$的状态，重复上述实验，验证电路的数据寄存功能，并记录结果。

2. 移位寄存器功能测试

用4位双向移位寄存器74LS194构成的8位移位寄存器如图4-37所示。

芯片具有如下功能：

（1）具有4位并入/并出、串入/串出、并出结构。脉冲的上升沿触发，可完成同步并入/并出，串入/并出，串出/左、右移位及保持4种功能。

（2）有直接清零端$\overline{R}_d$。

图中$D_0 \sim D_3$为并行输入端，$Q_0 \sim Q_3$为并行输出端，D_{SR}、D_{SL}分别为右移、左移串行输入端；$\overline{R}_d$为清零端；S_1、S_0为工作状态控制端，其作用如下：

$S_1S_0 = 00$——保持；$S_1S_0 = 01$——右移操作；$S_1S_0 = 10$——左移操作；$S_1S_0 = 11$——并行送数。

熟悉各引脚功能，完成芯片接线，按表4-20要求测试74LS194的功能，将结果填入表4-20中。

表4-20 移位寄存器功能测试表

$\overline{R}_d$	$S_1 \quad S_0$	$D_{SR} \quad D_{SL}$	$D_0 D_1 D_2 D_3$	CP	$Q_0 Q_1 Q_2 Q_3$	工作状态
0	× ×	× ×	× × × ×	×		
1	× ×	× ×	× × × ×	0		
1	1 1	× ×	$d_0 \ d_1 \ d_2 \ d_3$	↑		
1	0 1	1 ×	× × × ×	↑		
1	0 1	0 ×	× × × ×	↑		
1	1 0	× 1	× × × ×	↑		
1	1 0	× 0	× × × ×	↑		
1	0 0	× ×	× × × ×	×		

四、实验报告

（1）按实验内容各步要求，整理、填写实验数据；

（2）总结寄存器的实验原理和集成寄存器的使用方法。

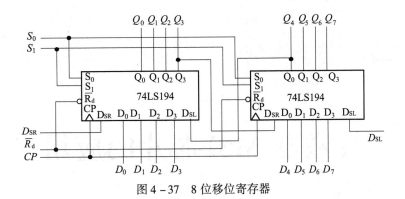

图 4 – 37　8 位移位寄存器

实验十一

计数器 MSI 芯片的应用

一、实验目的

学会正确使用计数器芯片,熟悉和了解其应用电路。

二、实验设备

（1）逻辑仪；

（2）其他器件：

74LS160/161	十进制/4 位二进制同步计数器	2 片
74LS00	2 输入四与非门	1 片
74LS20	4 输入双与非门	1 片
CD4520B	双 4 位二进制同步计数器	1 片

三、实验内容

1. 计数器芯片 74LS160/161 的功能测试

74LS160 为十进制（BCD）同步计数器,74LS161 为 4 位二进制同步计数器。二者均带预置数端和异步清零端。

（1）74LS160/161 的逻辑符号如图 4 – 38 所示。图中各引脚说明如下：

$\overline{LD}$:预置数端；

$\overline{R}_d$:异步清零端；

EP、ET:工作方式端；

CO:进位信号输出端；

D、C、B、A:数据输入端；

Q_3、Q_2、Q_1、Q_0:数据输出端。

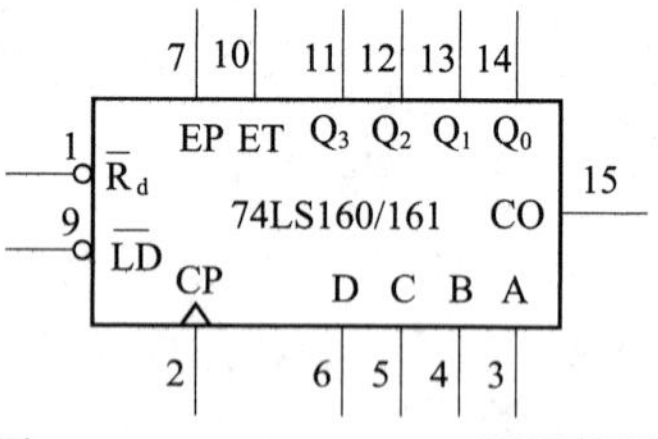

图 4 – 38　74LS160/161 逻辑符号

完成芯片的接线,测试 74LS160 或 74LS161 的功能,将结果填入表 4 – 21 中。

表 4 – 21　计数器芯片 74LS160/161 功能测试表

$\overline{R}_d$	EP	ET	$\overline{LD}$	CP	芯片功能
0	×	×	×	×	
1	×	×	0	↑	

续表

$\overline{R}_d$	EP	ET	$\overline{LD}$	CP	芯片功能
1	1	1	1	↑	
1	0	1	1	×	
1	×	0	1	×	

（2）用 74LS161 接成图 4 – 39 所示电路。

按图接线，CP 用单脉冲输入，Q_3、Q_2、Q_1、Q_0 接发光二极管。测出芯片的计数长度，并画出其状态转换图。

2. 计数器芯片 74LS160/161 的应用

两片 74LS160 芯片构成的同步 60 进制计数器电路如图 4 – 40 所示，按图接线。

用单脉冲作为 CP 的输入，74LS160（2）、74LS160（1）的输出端 Q_3、Q_2、Q_1、Q_0 分别接逻辑仪上七段 LED 数码管的输入端。观察单脉冲作用下，数码管显示的数字变化情况。

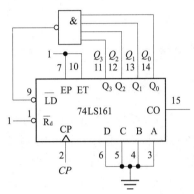

图 4 – 39　74LS161 测试电路

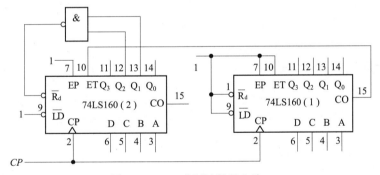

图 4 – 40　60 进制计数器电路

3. 计数器芯片 CD4520B 的功能测试

双 4 位二进制同步加法计数器芯片 CD4520B 的逻辑符号如图 4 – 41 所示。

图中各引脚说明如下：

CP：时钟端，上升沿有效；

EN：使能端，也可作为时钟输入端使用；

CR：清零端，高电平有效；

Q_3、Q_2、Q_1、Q_0：输出端。

设计并完成电路接线，用单脉冲作为时钟信号，测试电路的功能。芯片的输出接发光二极管，测试结果填入表 4 – 22 中。

注意观察当 $CR = 0$ 时，$EN = 1$、CP 端加脉冲和 $CP = 0$、EN

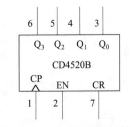

图 4 – 41　CD4520B 逻辑符号

端加脉冲两种情况下,芯片各实现什么功能？在上述两种不同的情况下,电路状态的改变分别发生在脉冲的什么时刻？

表 4 – 22　计数器芯片 CD4520B 功能测试表

CR	EN	CP	芯片功能
1	×	×	
0	0	×	
0	1	↑	
0	↓	0	

四、思考题

(1) 请用两片 74LS160 自行设计一个与图 4 – 40 所示电路的结构不同的 60 进制计数器电路,并用实验验证。若改用 74LS161 芯片实现 60 进制计数器,则芯片又该怎样连接？试画出电路图,并用实验验证其功能。

(2) 用 CD4520B 芯片实现 $M = 9$ 的计数器,且要求芯片在下降沿触发,电路该怎样连接？

五、实验报告

(1) 画出实验电路,观察波形。

(2) 按照要求对实验数据进行记录。

(3) 对实验中出现的问题进行讨论。

实验十二

计数、译码和显示

一、实验目的

(1) 进一步掌握中规模集成电路计数器的应用。

(2) 掌握译码/驱动器的工作原理和应用方法。

二、实验设备

(1) 逻辑仪；

(2) 其他器件：

74LS290	二 – 五 – 十进制异步加法计数器	1 块
74LS248	8421 – BCD 码 4 – 7 线译码/驱动器	1 块
LC5011 – 11	七段式辉光显示共阴极数码管显示器	1 只

三、预习要点

(1) 预习译码、显示的工作原理及逻辑电路图；

(1) 预习计数器的逻辑功能及电路。

四、实验原理

在数字系统中，经常需要将数字、文字和符号的二进制编码翻译成人们习惯的形式，并且直观地显示出来，以便查看。显示器产品的种类有很多，如荧光数码管、半导体、显示器、液晶显示和辉光数码管等。数显的显示方式一般有 3 种：重叠式显示、点阵式显示和分段式显示。**重叠式显示**是将不同的字符电极重叠起来，要显示某字符，只需使相应的电极发光即可，如荧光数码管；**点阵式显示**是利用一定的规律进行排列、组合，以显示不同的数字，例如火车站里列车车次、始发时间的显示，就是利用点阵方式；**分段式显示**是指数码由分布在同一平面的若干段发光的笔画组成，如电子手表、数字电子钟，就是用分段式显示。

本实验选用常用的共阴极半导体数码管显示器及其译码/驱动器，它们的型号分别为共阴极数码管显示器 LC5011 – 1 和 8421 – BCD 码 4 – 7 线译码/驱动器 74LS248。译码/驱动显示的原理如图 4 – 42 所示。LC5011 – 11 和 74LS248 引脚排列如图 4 – 43 所示。

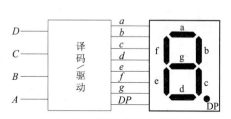

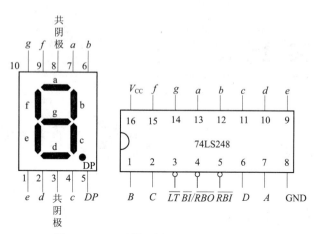

图 4 - 42　译码/驱动显示原理　　　　　图 4 - 43　显示器和译码/驱动器引脚排列

LC5011 - 11 共阴极数码管显示器其内部实际上是一个八段发光二极管负极连在一起的电路,如图 4 - 44(a)所示。当在 a、b、$\cdots$、g、DP 段加上正向电压时,发光二极管点亮。比如显示二进制数 0101(即十进制数 5),只要使显示器的 a、f、g、c、d 段加上高电平即可。同理,共阳极显示应在相应段加上低电平,这些段即被点亮,如图 4 - 44(b)所示。

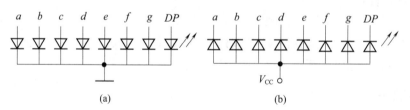

图 4 - 44　半导体数码管显示器内部电路

(a) 共阴极;(b) 共阳极;

74LS248 是 4 - 7 线译码/驱动器,其逻辑功能如表 4 - 23 所示。它的基本输入信号是 4 位二进制数(也可以是 8421 - BCD 码) $DCBA$;基本输出信号有 7 个,即 a、b、c、d、e、f、g。用 74LS248 驱动 LC5011 - 11 的基本接法如图 4 - 45 所示。当输入信号从 0000 依次变至 1111 这 16 种不同状态时,其相应的输出如表 4 - 23 所示。

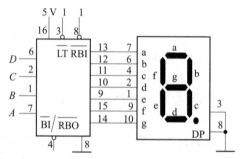

图 4 - 45　74LS248 驱动 LC5011 - 11 数码管显示器

表 4 – 23   74LS248 逻辑功能表

十进制或功能	输入						$\overline{BI}/\overline{RBO}$	输出						
	$\overline{LT}$	$\overline{RBI}$	D	C	B	A		a	b	c	d	e	f	g
0	1	1	0	0	0	0	1	1	1	1	1	1	1	0
1	1	×	0	0	0	1	1	0	1	1	0	0	0	0
2	1	×	0	0	1	0	1	1	1	0	1	1	0	1
3	1	×	0	0	1	1	1	1	1	1	1	0	0	1
4	1	×	0	1	0	0	1	0	1	1	0	0	1	1
5	1	×	0	1	0	1	1	1	0	1	1	0	1	1
6	1	×	0	1	1	0	1	1	0	1	1	1	1	1
7	1	×	0	1	1	1	1	1	1	1	0	0	0	0
8	1	×	1	0	0	0	1	1	1	1	1	1	1	1
9	1	×	1	0	0	1	1	1	1	1	1	0	1	1
10	1	×	1	0	1	0	1	0	0	0	1	1	0	1
11	1	×	1	0	1	1	1	0	0	1	1	0	0	1
12	1	×	1	1	0	0	1	0	1	0	0	0	1	1
13	1	×	1	1	0	1	1	1	0	0	1	0	1	1
14	1	×	1	1	1	0	1	0	0	0	1	1	1	1
15	1	×	1	1	1	1	1	0	0	0	0	0	0	0
灭灯	×	×	×	×	×	×	0	0	0	0	0	0	0	0
灭零	1	0	0	0	0	0	0(出)	0	0	0	0	0	0	0
测试	0	×	×	×	×	×	1	1	1	1	1	1	1	1

从表 4 – 23 中可以看出,除了上述基本输入或输出外,还有几个辅助输入端和输出端,其辅助功能为:

(1) 灭灯功能:只要 $\overline{BI}/\overline{RBO}$ = 0(即输入低电平),则无论其他输入处于何状态,$a \sim g$ 各段均为 0,显示器为整体不亮;

(2) 灭零功能:当 $\overline{LT}$ = 1 且 $\overline{BI}/\overline{RBO}$ 作输出,不输入低电平时,如果 $\overline{RBI}$ = 1,则在 D、C、B、A 的所有组合下,仍然都是正常显示。当 $\overline{RBI}$ = 0,$DCBA \neq 0000$ 时仍正常显示;当 $DCBA = 0000$ 时,不再显示"0"的字型,而是 a、b、c、d、e、f、g 各段输出全为 0,与此同时,$\overline{RBO}$ 输出为低电平。

(3) 测试功能:在 $\overline{BI}/\overline{RBO}$ 端不输入低电平的前提下,当 $\overline{LT}$ = 0 时,则无论其他输入处于何状态,$a \sim g$ 段均为 1,这时显示器全亮。常常用此法测试显示器的好坏。

在集成计数器实验中,已做过部分中规模集成电路计数器的实验论证,这里仍选用 74LS290 集成计数器作为本实验显示的前级计数器部分。

74LS290 包含一个二分频和五分频的计数器,其引脚排列如图 4 – 46 所示。逻辑功能如

表 4 – 24 所示。

图中各引脚说明如下:

R_{01}、R_{02}:直接置 0 端,$R_{01} \cdot R_{02} = 1$ 时有效;

S_{91}、S_{92}:直接置 9 端,$S_{91} \cdot S_{92} = 1$ 时有效;

$\overline{CP_0}$、$\overline{CP_1}$:时钟控制端,下降沿有效;

$Q_3 Q_2 Q_1 Q_0$:输出端。

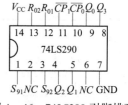

图 4 – 46　74LS290 引脚排列

表 4 – 24　74LS290 逻辑功能表

输入					输出或功能			
R_{01}	R_{02}	S_{91}	S_{92}	$\overline{CP}$	Q_3	Q_2	Q_1	Q_0
1	1	0	×	×	0	0	0	0
1	1	×	0	×	0	0	0	0
×	×	1	1	×	1	0	0	1
×	0	×	0	↓	计数			
0	×	0	×	↓	计数			
0	×	×	0	↓	计数			
×	0	0	×	↓	计数			

从表 4 – 24 中可以发现,74LS290 具有清零、置数及计数的功能。当 $S_{91} = S_{92} = 1$ 时,就置成 $Q_3 Q_2 Q_1 Q_0 = 1001$,即置 9。当 $R_{01} = R_{02} = 1$,$S_{91} = 0$ 或 $S_{92} = 0$ 时,$Q_3 Q_2 Q_1 Q_0 = 0000$,即清零。当 $S_{91} \cdot S_{92} = 0$ 和 $R_{01} \cdot R_{02} = 0$ 同时满足时,可在时钟信号(CP)下降沿作用下,实现加法计数。例如,构成 8421 – BCD 码计数器,其接法如图 4 – 47 所示。图中 S_{91} 和 S_{92} 中至少有一个输入为 0,R_{01} 和 R_{02} 中也至少有一个输入为 0,计数脉冲从 $\overline{CP_0}$ 端输入,下降沿触发,实现模 2 计数($M_1 = 2$),从 Q_0 输出。将 Q_0 连至 $\overline{CP_1}$,于是由 $Q_3 Q_2 Q_1$ 构成对 $\overline{CP_1}$ 进行模 5 计数($M_2 = 5$)。这样,构成的计数器为模 $M = M_1 \times M_2 = 10$ 的计数器。如果把计数器的输出接到译码\驱动显示器,就构成了计数\译码\驱动显示器。

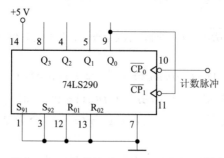

图 4 – 47　用 74LS290 构成的 8421 – BCD 码十进制计数器电路

五、实验内容

1)译码显示

先把共阴极数码管显示器 LC5011 – 11 和 4 – 7 线译码/驱动器 74LS248 芯片插入实验系

统中。按图 4-45 接线,其中$\overline{LT}$、$\overline{RBI}$接逻辑开关,D、C、B、A 接 8421 码拨码开关,a、b、c、d、e、f、g7 个端分别接显示器对应的各段。地线、电源线接好后,若确保接线无误,则接通电源,开始实验。

(1) $\overline{LT}=0$,其余状态为任意态,这时 LED 数码管全亮。

(2) 用导线把低电平接到$\overline{BI}/\overline{RBO}$端,这时数码管全灭,不显示,这说明显示器是好的。

(3) 断开$\overline{BI}/\overline{RBO}$与低电平之间的连接线,使$\overline{BI}/\overline{RBO}$悬空,且$\overline{LT}=1$,这时按动 8421 码拨码开关,输入 D、C、B、A 4 位 8421 码二进制数,显示器则应显示相应的十进制数。

(4) 在步骤(3)之后仍使$\overline{LT}=1$,$\overline{BI}/\overline{RBO}$接 LED 发光二极管,若$\overline{RBI}=1$,按动拨码开关,显示器正常显示工作。若$\overline{RBI}=0$,按动拨码开关,8421 码输出为 0000 时,数码管全灭,这时$\overline{BI}/\overline{RBO}$端输出为低电平,即 LED 发光二极管全灭。这就是"灭零"功能。

2) 计数译码显示

(1) 如图 4-47 所示,用 74LS290 接成十进制计数器电路,$Q_3 Q_2 Q_1 Q_0$分别接实验箱中的译码显示电路。S_{91}、S_{92}和 R_{01}、R_{02}全部接低电平,$\overline{CP_0}$接单次脉冲,Q_0接$\overline{CP_1}$,16 和 8 脚接电源正极和负极。接线完毕,接通电源,输入单次脉冲,观察显示器状态,并记录结果。

(2) 试用两片 74LS90 设计一个 100 进制计数器,并进行译码显示。

六、实验报告

(1) 根据各题题意,验证数字电路的实现功能。

(2) 分析实验结果,熟悉数字电路的逻辑关系。

(3) 写出实验总结,完成实验设计部分。

实验十三

抢答器的设计

一、实验目的

（1）学习数字电路中 D 触发器、分频电路、多谐振荡器、CP 时钟脉冲源等单元电路的综合运用。

（2）熟悉抢答器的工作原理。

（3）了解简单数字系统实验、调试及故障排除的方法。

二、实验设备

（1）+5 V 直流电源；

（2）逻辑电平开关；

（3）逻辑电平显示器；

（4）双踪示波器；

（5）数字频率计；

（6）直流数字电压表；

（7）其他器件：74LS175、74LS20、74LS74、CD4011。

三、预习要点

（1）画出所用芯片的引脚排列图及其功能表；

（2）分析电路工作原理，说明电路如何实现实验要求。

四、实验内容

图 4-48 为供 4 人用的智力竞赛抢答装置电路，用以判断抢答优先权。

图中 F_1 为 4D 触发器 74LS175，具有公共置 0 端和公共 CP 端，引脚排列见附录 I；F_2 为双 4 输入与非门 74LS20；F_3 是由 74LS00 组成的多谐振荡器；F_4 是由 74LS74 组成的四分频电路，F_3、F_4 组成抢答电路中的 CP 时钟脉冲源。抢答开始时，由主持人给出清零信号，即按下复位开关 S，74LS175 的输出 $Q_1 \sim Q_4$ 全为 0，所有发光二极管 LED 均熄灭。当主持人宣布"抢答开始"后，首先作出判断的参赛者立即按下开关，则对应的发光二极管点亮，同时，通过与非门 F_2 送出信号锁住其余 3 个抢答者的电路，不再接受其他信号，直到主持人再次给出清除信号为止。

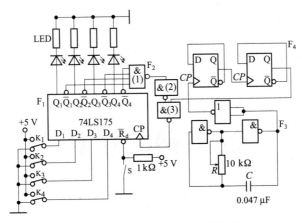

图 4 - 48 智力竞赛抢答装置电路

五、实验报告

（1）分析智力竞赛抢答装置电路中各部分的功能及工作原理。

（2）总结数字系统的设计、调试方法。

（3）分析实验中出现的故障及解决办法。

实验十四

数字锁的设计

一、实验目的

设计一个 8 位串行数字锁,验证其操作。具体要求如下:

(1) 开锁代码为 8 位二进制数,当输入代码的位数和位值与锁内给定的密码一致时,方可开锁,并点亮开锁指示灯。

(2) 要求锁内给定的密码是可调的,且预置方便。

(3) 能对输入代码进行显示。

二、实验设备

(1) 4RS 锁存器 4043 两片;

(2) 4 位比较器 74LS85 两片;

(3) 按钮开关 9 个(其中一个为启动清零开关)、拨动开关 8 个;

(4) LED 显示器 1 个和七段数码管两个。

三、预习要点

(1) 画出所用芯片的引脚排列图及其功能表。

(2) 分析电路工作原理,说明电路如何实现实验要求。

四、实验内容

电子密码锁电路种类很多,可以由不同的电路实现。下面给出一种方案:用 RS 触发器与 4 位数值比较器设计 8 位密码电子开关。其中电子密码开关为设计的基础部分,其他扩展电路,如输入计时、输入次数限制、错误报警都是以实现它为基础进行的功能扩展设计,设计者也可以根据自己的需要和兴趣在此基础上再扩展新的功能。

数据比较器有 3 种输出,取 $A = B$ 这种情况。电路中设有 8 个密码设置开关,可以预设密码。只有当输入的数据和密码相同时输出端的 LED 灯才会亮。

此数字锁的硬件连接电路如图 4 - 49 所示,其中两个 RS 触发器的 $S_0 \sim S_3$ 接密码输入按钮开关,两个数值比较器的 $A_0 \sim A_3$ 接预制密码拨码开关。两个 RS 触发器的 $Q_0 \sim Q_3$ 接译码器,用来把输入密码的 BCD 码转换为十进制显示。(注意只能显示 0 ~ 9,而实际上输入的状态为 16 个)。R 为启动清零开关,每次重新输入密码前均要先按下启动开关清零。

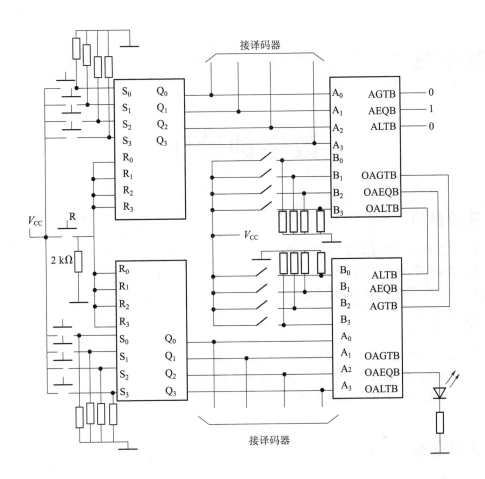

图 4 - 49   数字锁硬件连接电路

电路中电阻均为下拉电阻,阻值均为 2 kΩ。

五、实验报告

(1) 总结该电路的设计和调试方法。

(2) 分析实验中产生故障的原因。

(3) 分析实验中出现故障的解决办法。

数字钟设计

一、实验目的

(1) 掌握秒脉冲发生器的使用方法。

(2) 掌握译码显示电路的设计。

(3) 学会数字电子钟的设计方法。

二、预习要点

(1) 认真阅读实验内容中的要求,并熟悉实验器件。

(2) 熟悉用 74LS393 设计任意进制计数器的方法。

(3) 画出数字电子钟完整的电路图。

(4) 自行拟定实验步骤。

三、实验设备

(1) 逻辑仪;

(2) 74LS393、74LS248 、74LS74、CD4060 及门电路;

(3) 数显:共阴极数码管显示器;

(4) 石英晶体:参考 32 768 Hz;

(5) 电容:22 pF、3 ~ 22 pF 可变;

(6) 电阻:22 MΩ;

四、实验内容

数字电子钟是一种用数字显示秒、分、时、日的计时装置,与传统的机械钟相比,具有走时准确、显示直观、无机械传动装置等优点,因而得到了广泛的应用,小到人们日常生活中的电子手表,大到车站、码头、机场等公共场所的大型数显电子钟。数字电子钟的电路组成框图如图 4 – 50 所示。

由图 4 – 50 可知,数字电子钟由以下几部分组成:石英晶体振荡器和分频器组成的秒脉冲发生器、六十进制秒计数器、六十进制分计数器、二十四进制计时计数器和七进制日计数器以及秒、分、时、日的译码显示部分。

用中、小集成电路设计一台能显示日、时、分、秒的数字电子钟,要求如下:

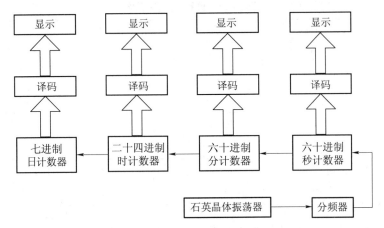

图4-50 数字电子钟电路的组成框图

（1）由石英晶体秒脉冲发生器产生1 Hz标准秒信号；

（2）秒、分显示为00~59的六十进制计数器；

（3）时显示为00~23的二十四进制计数器；

（4）日显示为1~7的七进制计数器；

注意：为了简化电路可省略要求（1），而用逻辑仪上的脉冲信号代替秒脉冲发生器产生的秒脉冲。

根据设计要求，对照数字电子钟电路的组成框图，可以分以下几部分进行模块化设计。

1. 秒脉冲发生器

秒脉冲发生器是数字钟的核心部分，它的精度和稳定度决定了数字钟的质量，通常用石英晶体振荡器发出的脉冲经过整形、分频获得1 Hz的秒脉冲。如石英晶体振荡器的振荡频率为32 768 Hz，通过15次二分频后即可获得1 Hz的脉冲输出，电路如图4-51所示。

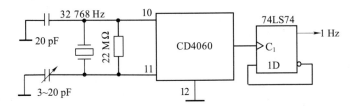

图4-51 秒脉冲发生器

2. 计数译码显示

秒、分、时、日分别为六十进制、二十四进制和七进制计数器。秒、分均为六十进制，即显示00~59，它们的个位为十进制，十位为六进制。时为二十四进制，显示为00~23，个位仍为十进制，同十位为三进制，但当十位计到2，同时个位计到4时就清零，即为二十四进制。日为七进制，按人们的一般概念，显示星期的顺序为"日、一、二、三、四、五、六"，所以设计此七进制计数器，应根据译码显示器的状态表来进行，如表4-25所示。

表 4 – 25   译码显示状态表

Q_4	Q_3	Q_2	Q_1	显示
1	0	0	0	日
0	0	0	1	1
0	0	1	0	2
0	0	1	1	3
0	1	0	0	4
0	1	0	1	5
0	1	1	0	6

按表 4 – 25 不难设计出日计数器的电路("日"用数字"8"代替)。所有计数器的译码显示均采用 BCD – 七段译码器,显示器采用共阴极数码管显示器。计数、译码、显示部分的设计可参考实验十二。

五、实验报告

(1)整理实验步骤及实验电路图。

(2)根据实验中出现的故障查找故障点,分析故障原因并排除故障。

十字路口交通管理器

一、实验目的

(1) 培养综合运用已学的数字电路理论知识解决实际问题的能力。

(2) 对"十字路口交通管理器"电路进行设计分析和安装调试,初步掌握数字电路工程设计的实践知识和基本技能。

二、预习要点

(1) 画出完整的交通管理器逻辑电路。

(2) 选择合适的器件,画出交通管理器接线图。

(3) 制定安装调试步骤。

(4) 画出交通管理器的 PCB 图。

三、实验设备

(1) 逻辑仪;

(2) 其他器件:

74LS393	双 4 位二进制异步计数器	2 片
74LS74	双上升沿 D 触发器	1 片
74LS54	4 路 2 – 3 – 3 – 2 输入与或非门	2 片
74LS86	2 输入四异或门	1 片
74LS04	六反向器	1 片
74LS08 或 74LS21	与门	若干

四、实验内容

设计一个十字路口交通管理器,该管理器能自动控制十字路口处的两组红、黄、绿三色灯,使两条交叉道路上的车辆交替通过。其技术指标如下:

(1) 交通管理器应能有效操纵路口处的两组红、黄、绿三色灯,使两条交叉道路上的车辆交替通行,每次通行时间允许按需要和实际情况调定。

(2) 若某条道路上有老人、小孩、残疾人举旗示意,需要横穿马路或者发生其他紧急情况,则值勤人员应按动特置的开关,发出特殊请求信号,管理器应响应上述请求,指挥有关道路的红灯点亮,禁止该道路的车辆通行,允许人们安全穿越马路。

(3) 管理器响应横穿马路的请求后,限定穿越时间,一旦结束,则使道口交通恢复交替通行的正常状态。

设计思路如下:

1. 确定逻辑功能

针对上述任务和指标,可对十字路口交通管理器的逻辑功能作如下确定:

(1) 十字路口甲、乙两条道路上各有一组红、黄、绿灯(分别用 R、Y、G 和 r、y、g 表示)用以指挥车辆有序通行,其中红灯亮(即 $R=1$ 或 $r=1$,下同)表示该条路禁止通行;黄灯亮表示该条道路停车线以外的车辆禁止通行(必须停车);绿灯亮表示允许通行。因此,十字路口车辆运行情况有以下几种可能:

① 甲道通行,乙道禁止通行;

② 甲道停车线以外的车辆禁止通行(必须停车),乙道仍然禁止通行,以便让甲道停车线以内的车辆安全通过;

③ 甲道禁止通行,乙道通行;

④ 甲道仍然不通行,乙道停车线以外的车辆禁止通行(必须停车),停车线以内的车辆顺利通行。

(2) 每条道路的通行及停车时间作如下规定:

通行时间限定在 30~120 s,停车时间为 5~15 s,设乙道和甲道的通行时间分别为 n_1、n_2,停车时间均为 n_3。以上限定时间允许根据需要和实际情况进行调整。

(3) 在一次通行 - 禁止情况结束时,就可响应特殊请求信号,也就是说,无论要求穿越的道路原先是通行状态还是禁止状态,均应禁止车辆通行(另一条道路通行)。设 S_1 和 S_2 分别为请求穿越甲道和乙道的控制开关,它们产生的请求信号也分别是 S_1 和 S_2,那么响应 S_1 信号和 S_2 信号的时间,必定是在甲道通行、乙道禁止或者甲道禁止、乙道通行两种情况结束时,并规定不再经过黄灯的转换阶段。特殊请求的限定时间为 30~60 s,也允许调整。

由上述逻辑功能,画出交通管理器的示意图,如图 4-52 所示,其简单逻辑流程图如图 4-53 所示。

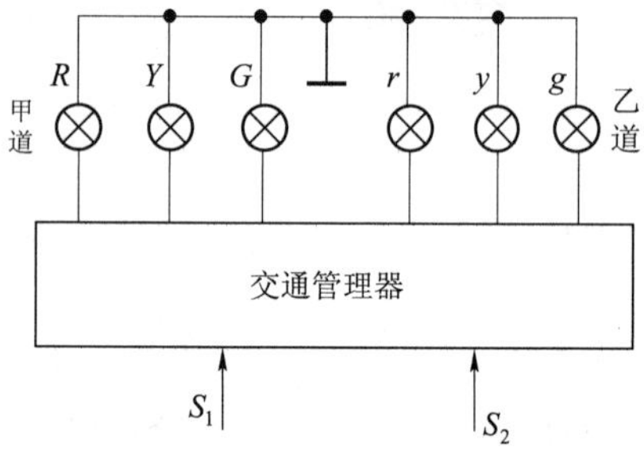

图 4-52 交通管理器的示意图

2. 确定系统方案及逻辑划分

交通管理器同其他数字系统一样,可划分为控制器和受控电路两部分。控制器使整个系统按交替方式指挥交通,并接受来自外部的请求信号 S_1 和 S_2 以及受控部分的反馈信号,决定其状态转换方向及输出信号。

交通管理器具体的系统方案及逻辑划分如下:

(1) 特殊请求信号 S_1 和 S_2 由按钮开关产生,设定 $S_1=1$ 表示有人要穿越甲道,$S_2=1$ 表示有人要穿越乙道,若 $S_1=0$,$S_2=0$ 表示无特殊请求,控制器维持甲、乙道交替通行。

(2) 控制器应送出控制甲、乙道红、黄、绿灯的信号。为方便起见,把灯的代号和驱动灯的信号统一,并作如下约定:

A 状态:甲道禁行、乙道通行,即 $R=g=1$,用 $P=0$ 表示,否则 $P=1$;

B 状态：甲道禁行、乙道停车，即 $R=y=1$，用 $L=0$ 表示，否则 $L=1$；

C 状态：甲道通行、乙道禁行，即 $G=r=1$，用 $W=0$ 表示，否则 $W=1$；

D 状态：甲道停车、乙道禁行，即 $Y=r=1$，用 $L=0$ 表示，否则 $L=1$。

（3）当交通管理器处于甲道禁止、乙道通行状态时，控制器只响应 S_1 信号，不响应 S_2 信号，此时对于 $S_2=1$ 的请求，要等待本状态结束，并经过 10 s 停车时间，状态转为甲道通行、乙道禁止后，行人方可穿越乙道，这种做法简化了设计。但是，在甲道通行、乙道禁止的状态时，控制器不仅能响应 S_2 信号，也能响应 S_1 信号。此时若收到 $S_2=1$ 信号，则继续维持甲道通行、乙道禁止的状态，让行人穿越乙道；若收到 $S_1=1$ 信号，则状态转换为甲道禁止、乙道通过的状态，行人能穿越甲道。但值勤人员决不可同时送入 S_1 和 S_2 信号，否则会导致系统混乱。

（4）为使交通管理器按照规定的通行时间和停车时间正常工作，秒脉冲应当既是整个电路的时钟信号，又作为定时电路的时间标准。

（5）设置 $n_1=60$ s、$n_2=60$ s、$n_3=10$ s 的定时电路，它们接收控制器送来的 $C_1(R=g=1)$、$C_2(G=r=1)$、$C_3(Y=1$ 或 $y=1)$ 控制信号（高电平有效），分别驱动 n_1、n_2、n_3 定时电路工作。

（6）控制器的状态经译码电路译出各个交通信号灯的控制信号，驱动甲、乙道路相应的灯亮。

由上述规定和划分可画出交通管理器的结构组成图，如图 4-54 所示。其控制器的详细逻辑流程图如图 4-55 所示。控制器的输出已在详细逻辑流程图的各个工作块的外测标明。

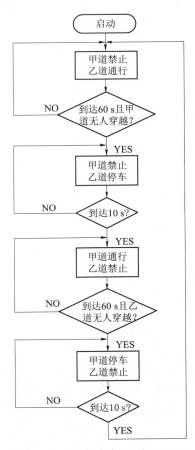

图 4-53　交通管理器的简单流程图

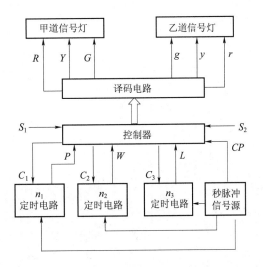

图 4-54　交通管理器的结构组成图

3. 受控电路的硬件实施

（1）受控电路的硬件实施主要是定时电路的硬件实施。定时电路有各种形式，引用元件也多种多样，这里推荐用 4 位二进制计数器构成的定时器，鉴于实验中将配置秒脉冲信号，因此，只要求把它作为计数器 CP 输入，则模 10 计数器就可看作 10 s 定时器，模 60 计数器可看作 60 s 定时器，以此类推，N 秒定时器可由模 N 计数器实现。利用 4 位二进制计数器设计 N 进制计数器的方法有多种，如图 4 - 56(a)、(b)所示分别为用反馈复位法构成的模 10 计数器和模 60 计数器。

（2）选用两组共 6 只发光二极管组成甲、乙道交通管理灯，它们分别由控制器及译码电路输出的信号 R、Y、G 和 r、y、g 所驱动。

4. 控制器设计

1）状态转换及状态分配

在前面的分析中可知，交通管理器是按照 $A \to B \to C \to D \to A$ 4 种状态依次交替进行工作，因此可采用两只触发器作为控制器记忆元件，两个状态变量是 Q_2 和 Q_1，状态分配如下：状态 A 为 00，B 为 01，C 为 11，D 为 10，状态分配如图 4 - 57(a)所示。

2）填写激励图求激励函数

根据状态分配的情况，可填写两只触发器激励函数图如图 4 - 57(b)所示，其中状态变量 Q_2 为高位，Q_1 为低位。

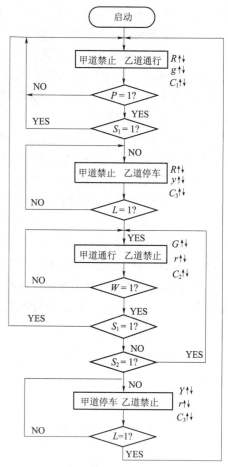

图 4 - 55 交通管理器的控制器的
详细逻辑流程图

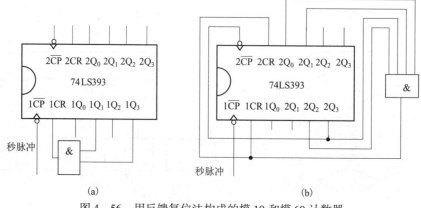

(a)　　　　　　　　　　　　(b)

图 4 - 56 用反馈复位法构成的模 10 和模 60 计数器

(a) 模 10 计数器；(b) 模 60 计数器

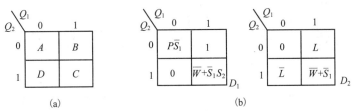

图 4 – 57　状态分配图和激励函数图

(a) 状态分配图;(b) 激励函数图;

由激励函数图可求激励函数为

$$D_1 = P\,\overline{S_1}\,\overline{Q_2}\,\overline{Q_1} + \overline{Q_2}Q_1 + (\overline{W} + \overline{S_1}S_2)Q_2Q_1 = P\,\overline{S_1}\,\overline{Q_2} + \overline{Q_2}Q_1 + \overline{W}Q_1 + \overline{S_1}S_2Q_1$$

$$D_2 = L\,\overline{Q_2}Q_1 + \overline{L}Q_2\overline{Q_1} + (\overline{W} + \overline{S_1})Q_2Q_1 = L\,\overline{Q_2}Q_1 + \overline{L}Q_2\overline{Q_1} + \overline{W}S_1Q_2Q_1$$

当甲、乙两路均无响应时,激励函数可简化为

$$D_1 = P\,\overline{Q_2} + \overline{Q_2}\,Q_1 + \overline{W}Q_1 = \overline{\overline{P\,\overline{Q_2}} + \overline{\overline{Q_2}\,Q_1} + \overline{\overline{W}Q_1}}$$

$$D_2 = L\,\overline{Q_2}Q_1 + \overline{L}Q_2\,\overline{Q_1} + Q_2Q_1 = \overline{\overline{L\,\overline{Q_2}Q_1} + \overline{\overline{L}Q_2\,\overline{Q_1}} + \overline{Q_2Q_1}}$$

3) 求输出函数方程(根据状态分配情况)

根据状态分配情况可知,控制器驱动甲、乙道的红、黄、绿灯的信号分别为

$$R = \overline{Q_1}\,\overline{Q_2} + \overline{Q_2}Q_1 = \overline{Q_2} \qquad\qquad r = Q_2Q_1 + Q_2\,\overline{Q_1} = Q_2$$

$$Y = Q_2\,\overline{Q_1} \qquad\qquad\qquad\qquad y = \overline{Q_2}Q_1$$

$$G = Q_2Q_1 \qquad\qquad\qquad\qquad g = \overline{Q_2}\,\overline{Q_1}$$

A 状态($P = 0$)时,定时电路选通信号为

$$C_1 = \overline{Q_2}\,\overline{Q_1} = g$$

C 状态($W = 0$)时,定时电路选通信号为

$$C_2 = Q_2Q_1 = G$$

B、D 状态($L = 0$)时,定时电路选通信号为

$$C_3 = \overline{Q_2}Q_1 + Q_2\,\overline{Q_1} = Q_2 \oplus Q_1 = Y + y$$

5. 控制器逻辑电路图

根据求得的方程,设计者可选择 SSI、MSI 或 LSI 器件来实现,这里采用 SSI 逻辑器件,逻辑电路如图 4 – 58 所示。

五、思考题

(1) 假若甲、乙道交叉路口的交通管理按以下规则进行:

① 甲道通行时间为 120 s;

② 甲道停车时间为 20 s;

③ 乙道通行时间为 180 s;

④ 乙道停车时间为 30 s;

⑤ 老人、小孩和残疾人请求穿过马路时,管理器立即响应,30 s 后允许行人穿越;

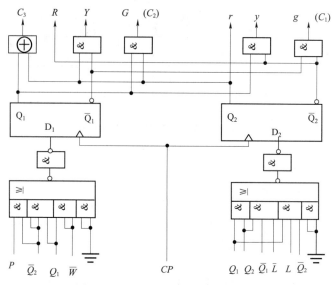

图 4-58　管理器的控制器逻辑电路

⑥ 交通执勤人员有权随时终止甲、乙道交替通行的状况,而使某道连续通行,以解决交通堵塞现象或者应付临时急需,如国宾车、警车、消防车、救护车等特殊车辆的紧急通行。

试设计实现上述逻辑功能的十字路口交通管理器。

(2) 试设计一个五岔路口及六岔路口的交通管理器。

(3) 试选用 MSI 时序器件 74LS161 和 74LS194,或用 74LS193 来设计交通管理器的控制器。

六、实验报告

(1) 写出交通管理器的简要设计过程,画出完整的逻辑电路图。

(2) 选择合适的器件,画出交通管理器接线图,制定安装调试步骤。

(3) 画出交通管理器的 PCB 图。

(4) 制作连接线路所需的元器件明细表(型号、名称、数量)。

(5) 分析实验中出现的故障及产生的原因。

(6) 写出实验总结。包括:设计方案的正确性和可行性如何? 可否进一步优化? 有哪些收获体会? 有哪些经验教训? 有哪些建议?

常用集成电路引脚排列

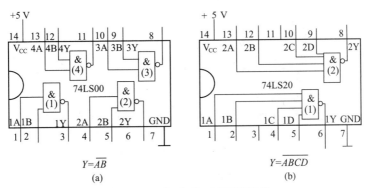

$$Y=\overline{AB}$$

(a)

$$Y=\overline{ABCD}$$

(b)

附图 1　两种"与非"门引脚排列

（a）74LS00 2 输入端四与非门；（b）74LS20 4 输入端双与非门

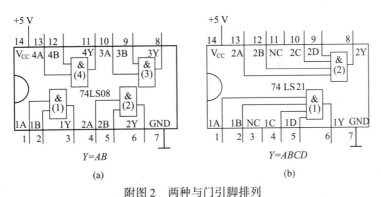

$$Y=AB$$

(a)

$$Y=ABCD$$

(b)

附图 2　两种与门引脚排列

（a）74LS08 2 输入端四与门；（b）74LS21 4 输入端双与门

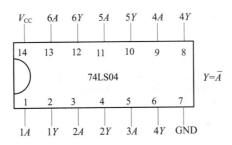

附图 3　74LS04 六非门（反向器）引脚排列

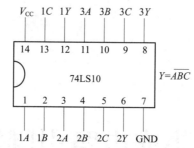

附图 4　74LS10(3 输入端三与非门)引脚排列

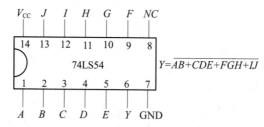

附图 5　74LS54(4 路 2-3-3-2 输入与或非门)引脚排列

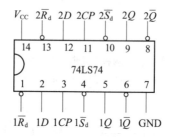

附图 6　74LS74(有异步置位端和复位端的双上升沿 D 触发器)引脚排列

部分引脚说明如下：

$1CP$、$2CP$：时钟输入端,上升沿有效；

$1\overline{R}_d$、$2\overline{R}_d$：复位端,低电平有效；

$1\overline{S}_d$、$2\overline{S}_d$：异步置位端,低电平有效；

$1Q$、$1\overline{Q}$、$2Q$、$2\overline{Q}$：触发器输出端。

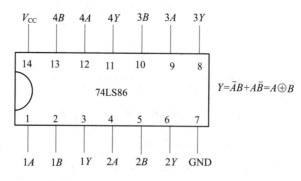

附图 7　74LS86(2 输入四异或门)引脚排列

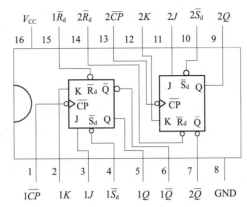

附图 8 74LS112(带置位端、清除端和负触发端的双 JK 触发器)引脚排列

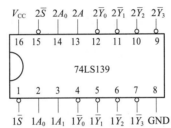

附图 9 74LS139(双 2 – 4 线译码器)引脚排列

部分引脚说明如下：

$A_0 \sim A_1$:译码地址输入端；

$\overline{S}$:使能端,低电平有效；

$\overline{Y}_0 \sim \overline{Y}_3$:译码输出端,低电平有效。

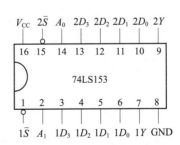

附图 10 74LS153(双 4 选 1 数据选择器)引脚排列

部分引脚说明如下：

$A_1 \sim A_0$:公共地址输入端；

$\overline{S}$:使能端(低电平有效)；

$\overline{D}_3 \sim \overline{D}_0$:译码输入端,低电平有效；

Y:输出端。

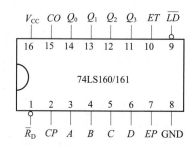

附图 11　74LS160/161(带预置数端、异步清零端、正触发端的十进制/4 位二进制同步加法计数器)引脚排列

部分引脚说明如下：

$\overline{R}_d$：异步清零端，低电平有效；

$\overline{LD}$：预置数端，低电平有效；

ET、EP：工作方式端：

$ET \cdot EP = 1$ 时计数；

$ET \cdot EP = 0$ 时保持；

CP：时钟控制端，上升沿有效；

D、C、B、A：数据输入端；

Q_3、Q_2、Q_1、Q_0：数据输出端；

CO：进位信号输出端。

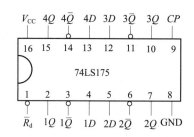

附图 12　74LS175(具有公共时钟端、共清除端、正触发端的四 D 触发器)引脚排列

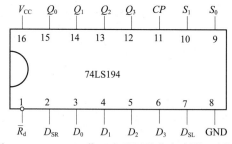

附图 13　74LS194(4 位双向通用移位寄存器)引脚排列

部分引脚说明如下：

$\overline{R}_d$：清零端，低电平有效；

CP：时钟控制端，上升沿有效；

D_{SR}：数据右移串行输入端；

D_{SL}：数据左移串行输入端；

$D_0 \sim D_3$：数据并行输入端；

$Q_0 \sim Q_3$：数据并行输出端；

Q_3：数据右移串行输出端；

Q_0：数据左移串行输出端；

S_1、S_0：寄存器工作状态控制端。

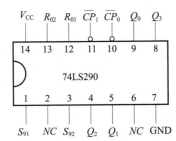

附图14　74LS290(二 – 五 – 十进制异步加法计数器)引脚排列

部分引脚说明如下：

R_{01}、R_{02}：直接置 0 端，$R_{01} \cdot R_{02} = 1$ 时有效；

S_{91}、S_{92}：直接置 9 端，$S_{91} \cdot S_{92} = 1$ 时有效；

$\overline{CP_0}$、$\overline{CP_1}$：时钟控制端，下降沿有效；

$Q_3 \sim Q_0$：输出端。

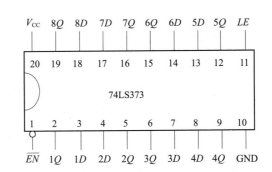

附图15　74LS373(三态同相 8D 型锁存器)引脚排列

部分引脚说明如下：

$\overline{EN}$：三态允许控制端,低电平有效；

LE：锁存允许端；

$1D \sim 8D$：数据输入端；

$1Q \sim 8Q$：数据输出端。

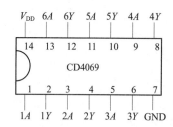

附图16 CD4069(六反相器)引脚排列

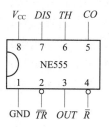

图17 NE555(时基电路)引脚排列

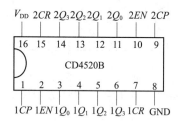

附图18 CD4520B(双4位二进制加法计数器)引脚排列

部分引脚说明如下：

V_{DD}：3~20 V,取5 V；

CR：清零端,高电平有效；

CP：时钟端,上升沿有效；

EN：使能端：

$EN=0$时保持；

$EN=1$时计数；

$Q_0 \sim Q_3$：输出端。

实验报告的书写方法

一、实验报告的一般要求

一次完整的实验过程,是对两个能力的提高和锻炼的过程。这两个能力一个是动手能力,另一个则是文字组织能力,后者主要体现在实验报告上。所以,实验结束后撰写实验报告,不仅是形式上的需要,也是一项重要的基本功的训练。撰写实验报告的目的是总结实验结果,加深对基本理论的认识和理解,从而进一步扩大视野。同时,撰写实验报告还可以培养学员分析和解决问题的能力。例如:可以从发现问题、分析问题到解决问题的全过程中,进行经验教训及心得体会的总结,这是实验报告的核心,也是积累经验的必经之路。实验报告应当简明扼要、有事实、有分析、有结论,应是一份科学实践的总结,而不是原实验教程的复制品。实验报告一般包括:

1. 实验名称
2. 实验目的
3. 实验设备

包括所用设备的名称、型号和数量。

4. 实验内容

包括所做实验的名称、实验任务、有关的电路、表格、实际测得的数据、波形以及必要的文字说明。对于设计性的实验,应写出简要的设计过程,包括对原理的分析和计算、成型后的方框图、真值表、卡诺图、逻辑表达式以及逻辑电路图等,还要有自拟的实验步骤。对于设计性实验来说,大多没有或不要求实测数据,但应当有实验结论,即通过实验验证所设计的电路是否符合要求。

5. 实验总结

包括对实验过程、实验当中出现的问题以及实验结果进行的分析与总结。

6. 思考题

在实验报告中,最主要的是第4部分——实验内容。在撰写这一部分时应力求思路清晰、上下连贯、一气呵成。每一步的来历应有交代和说明,具体请参阅"实验报告示例"。

二、实验报告中各种图的绘制要点

实验报告一般还应包括电路原理图、逻辑电路图、方框图和接线图等几种图。电路原理图中的电子元器件要用展开图的形式,目的在于表明电路的组成和工作原理。绘图时,要画出各个元器件的连接情况,并在各个元器件旁边注明它的规格、型号和序号。

方框图将电路图分为若干部分,每一部分用一个方框表示,各方框之间用线条连接,表明各部分之间的关系,并附有必要的文字或符号说明。方框图只能说明实验电路的大致轮廓和类型,看不出电路的具体连接方法,也看不出元器件的规格、型号和序号。

逻辑电路图是将电路原理图中每个基本单元或集成电路器件用逻辑电路符号表示,从而构成逻辑关系图。它可能比电路原理图简单而比方框图详细,但对于数字集成电路组成的逻辑系统而言,电路原理图与逻辑电路图往往差别不大。在逻辑电路图上需要标出器件型号、引脚号,并作必要的文字说明。这种逻辑电路图,既表明了电路的逻辑关系,又可作为搭建实验电路的依据。绘制逻辑电路图时,应把所有元件的输入端画在左边,输出端画在右边,信号流向也应从左到右,一些重要的电路应画在上面,次要的画在下面。

接线图也就是安装图,若用实体表示,则又称为结构图,在安装电子设备或检查线路故障时应当用接线图。

实际工作中,根据具体情况和线路,每种图形都可能有各种不同的画法。在具体的实验报告中,一般一项实验报告只要求具有以上几种图中的一、二种即可。

另外,状态图和波形图与上述各种电路图同样重要,可以用来表达难以用文字描述的复杂时序控制电路的工作过程。实验过程中也要注意状态图和波形图的使用。

三、实验报告示例

实验三 组合逻辑电路

1. 实验目的
学会运用组合逻辑电路的基本原理来分析实际电路。

2. 实验设备

("实验设备"部分,报告上所写应与实际所用完全一致,不能生搬硬套《实验教程》的内容)

(名称)	(型号)	(数量)
(1) 数字逻辑实验仪	FD – MDL 型	1 台
(2) 与非门器件	74LS00、74LS20	若干

3. 实验内容
分析图 1(a) 和图 1(b) 两图的逻辑功能,并写出其表达式。

(实验任务必须交待清楚)

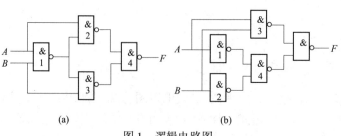

(a)   (b)

图 1 逻辑电路图

[说明表 a、表 b 的来历及与图 1(a)、图 1(b)的对应关系]

按图 1 连线。由图 1(a)得出表 a,由图 1(b)得出表 b。

表 a

A	B	F
0	0	0
0	1	1
1	0	1
1	1	0

表 b

A	B	F
0	0	1
0	1	0
1	0	0
1	1	1

(画出表 a、表 b,并填上数据)

根据表 a、表 b 填写卡诺图(本处略,但撰写者不能略)。

由上可得图 1(a)、图 1(b)的表达式分别为

$$F_a = \times \times \times \times \times \qquad F_b = \times \times \times \times \times$$

(必要时须转化、化简)

由 F_a 和表 a 可知图 1(a)所示电路完成的是××功能。

由 F_b 和表 b 可知图 1(b)所示电路完成的是××功能。

4. 实验总结

包括实验方案的正确性与可行性如何,可否进一步优化,并总结心得体会、经验教训和改进建议等。

5. 思考题

(1)

(2)